SHUBIANDIAN GONGCHENG SHIGONG ZHUANGBEI
ANQUAN FANGHU SHOUCE

输变电工程施工装备安全防护手册

中国电力科学研究院　组编

夏拥军　主编

中国电力出版社
CHINA ELECTRIC POWER PRESS

内 容 提 要

为保证输变电工程施工安全，必须从施工管理、施工工艺、施工装备、安全设施等方面采取必要的安全防护措施，本书重点关注输变电工程建设中广泛使用的主要施工装备，分析工作原理和系统组成，辨识其危险源（点），并提出相应的防护措施。

本书共分 5 章，分别是概述、输变电工程主要施工装备、安全评估方法、危险源（点）的辨识与评估和安全防护措施。

本书可供从事输变电工程建设相关人员使用，以期为施工装备的安全使用和维护保养提供具体可操作的指导，同时也可为其他施工装备的安全分析与评估提供参考。

图书在版编目（CIP）数据

输变电工程施工装备安全防护手册 / 夏拥军主编；中国电力科学研究院组编. —北京：中国电力出版社，2020.5

ISBN 978-7-5198-0105-2

Ⅰ. ①输... Ⅱ. ①夏...②中... Ⅲ. ①输电–电力工程–工程设备–安全防护–手册②变电所–电力工程–工程设备–安全防护–手册 Ⅳ. ①TM7-62②TM63-62

中国版本图书馆 CIP 数据核字（2020）第 037073 号

出版发行：中国电力出版社
地　　址：北京市东城区北京站西街 19 号（邮政编码 100005）
网　　址：http://www.cepp.sgcc.com.cn
责任编辑：罗　艳（yan-luo@sgcc.com.cn，010-63412315）
责任校对：黄　蓓　马　宁
装帧设计：张俊霞
责任印制：石　雷

印　　刷：北京博图彩色印刷有限公司
版　　次：2020 年 5 月第一版
印　　次：2020 年 5 月北京第一次印刷
开　　本：710 毫米×1000 毫米　16 开本
印　　张：9
字　　数：169 千字
印　　数：0001—2000 册
定　　价：58.00 元

编写人员名单

主　　编　　夏拥军

编写人员　　马一民　　张鉴燮　　刘亨铭　　丁志龙

　　　　　　吴小忠　　胡春华　　罗义华　　姚兰波

　　　　　　张金淼

　　输变电工程建设主要包括输电线路建设和变电（换流）站建设两方面。输变电工程建设是一项复杂的基础建设工程，其输电线路和变电（换流）站建设涉及土建施工、起重运输、大型设备、结构和电气安装、高空作业等多方面，施工过程十分复杂，危险点多，安全建设问题突出。特别是随着大量施工新技术和新装备的规模化应用，危险源和危险点日益复杂多样，事故的影响和危害也日趋严重。通过采取何种施工安全与防护措施，从而保证输变电工程施工人员的人身安全和健康、确保工程建设的安全、文明、有序进行是编制《输变电工程施工装备安全防护手册》的目的。

　　本书对比分析了多种安全评估分析方法，根据安全评估方法的评价目的、评价对象和结果形式，分析了不同安全评价方法的应用条件和适用范围。针对输变电工程建设中使用量大、复杂程度高、技术要求多的旋挖钻机、挖掘机、抱杆、货运索道、牵张设备、起重机械、高空作业车、真空滤油机等主要施工装备，分析了其工作原理和系统组成，明确了其安全薄弱环节，辨识了其危险源和危险点，使用"LEC"法建立了其安全评估模型，评估其风险等级，并提出了相应的安全防护措施。

　　本书的编写主要依托国家电网有限公司科技项目开展，主要面向输变电工程建设的施工、管理、监理等相关专业人员。

　　由于编写时间仓促，书中难免存在疏漏之处，恳请各位专家和读者提出宝贵意见，使之不断完善。

编　者

2020 年 2 月

目 录

第1章

概　述

我国地域辽阔，能源资源和消费分布极不均衡。建设以特高压电网为骨架，各级电网协调发展的坚强智能电网对提高能源利用效率、促进经济社会发展具有重要意义。

电网建设是一项复杂的基础建设工程，其输电线路和变电（换流）站建设涉及土建施工、大型设备、结构和电气安装、高空作业、起重运输、带电作业等多方面，使用的施工装备和工器具繁多，施工过程复杂、危险点多，安全生产问题突出。在繁重的建设任务面前，如何保证施工人员的安全和健康、确保工程建设的安全、文明、有序、环保进行是一项需要认真对待、仔细研究的课题。

当前我国输变电工程施工安全面临以下问题：

（1）随着电网的发展，更高电压等级线路的不断出现，电网建设施工环境也更加复杂、多样。在特高压电网建设中，线路长度远、施工量大、施工周期长，输变电工程设备、结构以及施工机械等体积和重量大，施工工艺要求高，施工难度大，沿线地形地质条件复杂，部分区段施工条件恶劣，施工安全问题日趋突出。

（2）随着科技的进步，电网技术水平的提高不断促进电网建设技术的发展。大容量和新型导线的研制成功和推广应用使输变电工程建设中出现了很多新的施工工艺、施工技术和施工装备，原有施工装备也不断向大型化、自动化方向发展，这些新材料、新技术、新工艺、新设备的安全使用是电网建设面临的新课题。

（3）输变电工程施工与常规土建施工在施工工艺和施工装备方面存在很多相同之处，但在很多方面也存在较大差异。如组塔技术、架线技术等施工工艺，旋挖钻机、挖掘机、抱杆、工程货运索道、牵张机、起重机械、高空作业车、真空滤油机等施工装备等都具有显著的独特性，对这些施工工艺和施工装备的安全性必须开展有针对性的专门研究。

（4）国家对安全生产工作日益重视，要求逐步提高。构建社会主义和谐社会是当前我国的一项重大任务，安全生产则是建设和谐社会的重要方面。电网建设属能源基础建设，受关注程度高、涉及面广、影响深远，一旦发生安全生产事故不仅危及施工人员人身安全、影响工程进度，同时也将造成较大的经济损失和社会、政治影响。

为保证输变电工程施工安全，必须从施工管理、施工工艺、施工装备、安全设施等方面采取必要的安全防护措施，逐步构建起输变电工程施工安全与防护体系，保证施工人员及设备安全。

本书重点关注输变电工程建设中广泛使用的主要施工装备，包括旋挖钻机、挖掘机、抱杆、货运索道、牵张设备、起重机械、高空作业车和真空滤油机，涉及土方开挖、基础成孔、物料运输、张力架线、起重作业、高空作业和电气安装等具体工序，分析上述施工装备的工作原理和系统组成，辨识其危险源（点），并提出相应的安全防护措施，为上述施工装备的安全使用和维护保养提供具体可操作的指导，同时也可为其他施工装备的安全分析与评估提供参考。

第2章

输变电工程主要施工装备

2.1 旋 挖 钻 机

旋挖钻机是一种适合建（构）筑物基础工程中成孔作业的施工机械，主要适于砂土、黏性土、粉质土等土层施工，在灌注桩、连续墙、基础加固等多种地基基础施工中得到广泛应用。旋挖钻机的额定功率一般为 125～450kW，动力输出扭矩为 120～400kN·m，最大成孔直径可达 1.5～4m，最大成孔深度为 60～90m，可以满足各类大型铁塔的基础施工的要求。

2.1.1 基本分类

（1）小型机。扭矩 100kN·m，发动机功率 170kW，钻孔直径 0.5～1m，钻孔深度 40m 左右，钻机整机质量 40t 左右。

（2）中型机。扭矩 180kN·m，发动机功率 200kW，钻孔直径 0.8～1.8m，钻孔深度 60m 左右，钻机整机质量 65t 左右。

（3）大型机。扭矩 240kN·m，发动机功率 300kW，钻孔直径 1～2.5m，钻孔深度 80m，钻机整机质量 100t 以上。

2.1.2 技术原理

不同的钻孔工艺就对应不同执行机构。根据功能原理分析，旋挖钻机可以分解为动力源、传动方式、行走方式、定位方式、取土方式和提钻方式六个功能元，其功能元分解功能树如图 2-1 所示。

通过功能原理分析，旋挖钻机的工作流程可以分解为对孔、下钻、钻进、提钻、回转和卸土六个工作步骤，对孔过程中为了保证钻桅

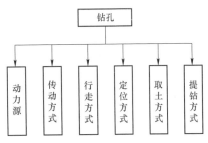

图 2-1 旋挖钻机功能元分解功能树

3

的垂直度，采用了平行四边形平动机构，并结合上车回转机构完成孔的定位。下钻时由于钻具质量较大，所以要控制下降速度，将钢丝绳与钻杆通过回转接头连接，采用卷扬提升系统控制钻具的升降。钻斗触地时卷扬马达自由下放浮动功能开启，以实现随重跟钻，防止出现放绳与钻进速度不同步而产生的绕绳现象。钻进过程中动力头驱动扭矩通过动力头的驱动套键传递给钻杆，钻杆最终将扭矩传递到钻斗以实现钻进。动力头在加压油缸的作用下沿钻桅滑道上下移动，在钻孔过程中可以实现对钻头的加压和辅助起拔力。钻斗装满土后由卷扬提钻，液压系统采用与负载无关的速度控制方式以实现匀速提钻。卸土时上车整体旋转侧面卸土，通过卷扬牵引钻头与动力头撞击打开弹簧式开销器卸土。卸完土后自动回转定位到原工作位置完成一个工作循环。这样循环往复，不断地钻进、取土、卸土，直至钻至设计深度。

2.1.3 结构组成

旋挖钻机主要由以下几大部分组成：

（1）动力头是旋挖钻机的关键工作部件，其性能好坏将直接影响钻机整机性能的发挥。动力头主要作用是驱动钻杆带动钻头回转，并提供钻孔所需的加压力、辅助提升力。动力头能根据不同的土层硬度自动调整转速与扭矩，以满足不同的工况高效率钻进。动力头结构如图2-2所示。

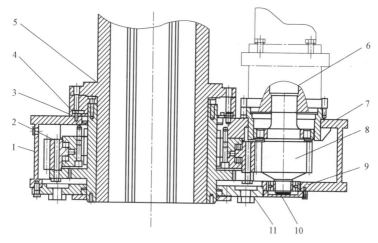

图2-2 动力头结构图

1—动力箱；2—回转支承总成；3—过渡连接盘；4—密封圈；5—驱动套；6—减速机；
7—轴承；8—小齿轮；9—轴承；10—轴承盖；11—下密封盖

（2）变幅机构是旋挖钻机中的重要支承机构，承受钻桅、钻杆、钻具等重量，钻孔时还受来自动力头的扭矩作用，变幅机构需要有足够的强度以保证在极限工况下不发生破坏，同时应有足够的刚度以保证极限工况下变形在允许范围内。变幅机构中各构件在连接铰点处受力较大，为了满足接触刚度要求，同时减小零件质量，连接头采用锻造件，上、下臂整体采用截面采用空心矩形，内部布置隔板以增加刚度，三脚架采用空心截面设计，内部按强度布置隔板和筋板以保证三脚架的刚度满足设计要求。变幅机构结构如图 2-3 所示。平行四边机构下铰点固连在转台上，变幅油缸伸缩改变平行四边形机构的角度，三脚架处于平动状态。

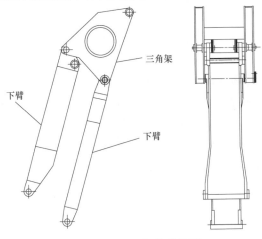

图 2-3　变幅机构结构图

（3）卷扬机构。卷扬机构主要由支承架和动力驱动装置构成，卷扬支承架采用焊接结构，滚筒为铸造件。驱动装置工作特性要求卷扬滚筒转速不随外载荷变化，即匀速下钻、提钻，通过液压系统保证。驱动装置主要由内藏式减速机和插装式马达组成，其中减速机内置制动器，整体装置具有结构紧凑、传递扭矩大、制动迅速等特点。卷扬机构如图 2-4 所示。

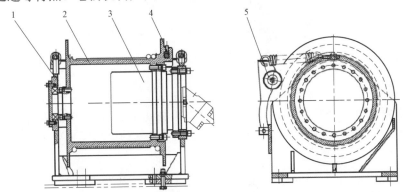

图 2-4　卷扬机构图

1—支架；2—滚筒；3—锁绳器；4—减速机；5—压绳器

2.1.4 在输变电工程施工中的应用

旋挖钻机是一种适合建筑基础工程中成孔作业的施工机械，目前广泛用于输变电施工铁塔基础桩施工工程。旋挖钻机成孔灌注桩技术被誉为"绿色施工工艺"，具有工作效率高、施工质量好、尘土泥浆污染少、机动灵活及多功能特点，并适应我国大部分地区的土壤地质条件。

2.2 挖 掘 机

挖掘机，又称挖掘机械（excavating machinery），是用铲斗挖掘高于或低于承机面的物料，并装入运输车辆或卸至堆料场的土方机械。挖掘机挖掘的物料主要是土壤、煤、泥沙以及经过预松后的土壤和岩石。从近几年工程机械的发展来看，挖掘机的发展相对较快，挖掘机已经成为工程建设中最主要的工程机械之一。挖掘机最重要的三个参数为操作重量（质量）、发动机功率和铲斗斗容。

2.2.1 基本分类

按铲斗形式，挖掘机可分为反铲挖掘机、正铲挖掘机、拉铲挖掘机和抓铲挖掘机。反铲挖掘机多用于挖掘地表以下的物料，正铲挖掘机多用于挖掘地表以上的物料。

（1）反铲挖掘机：最常见的一种挖掘机，向后向下、强制切土，如图 2－5 所示。

图 2－5 反铲挖掘机

（2）正铲挖掘机的特点是"前进向上，强制切土"。正铲挖掘力大，能开挖停机面以上的土，宜用于开挖高度大于 2m 的干燥基坑，但需设置上下坡道，如图 2－6 所示。

（3）拉铲挖掘机，也称索铲挖土机。其挖土特点是"向后向下，自重切土"。宜用于开挖停机面以下的Ⅰ、Ⅱ类土。工作时，利用惯性力将铲斗甩出去，挖得比较远，挖土半径和挖土深度较大，但不如反铲灵活准确。尤其适用于开挖大而深的基坑或水下挖土，如图 2-7 所示。

图 2-6　正铲挖掘机

图 2-7　拉铲挖掘机

（4）抓铲挖掘机，也称抓斗挖掘机。其挖土特点是"直上直下，自重切土"。宜用于开挖停机面以下的Ⅰ、Ⅱ类土，在软土地区常用于开挖基坑、沉井等。尤其适用于挖深而窄的基坑，疏通旧有渠道以及挖取水中淤泥等，或用于装载碎石、矿渣等松散料等。开挖方式有沟侧开挖和定位开挖两种。如将抓斗做成栅条状，还可用于储木场装载矿石块、木片、木材等，如图 2-8 所示。

图 2-8　抓铲挖掘机

2.2.2　技术原理

挖掘机工作装置运用了连杆机构原理，各运动部件间均用销轴铰接，由液压油缸的伸缩动作来完成作业：通过动臂液压油缸的伸缩使动臂围绕下铰点转动实现动臂的上升和下降。斗杆通过由斗杆液压油缸的伸缩来控制斗杆与动臂相对转角。铲斗和斗杆前端铰接，通过铲斗液压油缸的伸缩使铲斗转动。采用摇杆连杆机构与铲斗连接可使铲斗转角增大。

2.2.3 结构组成

现今的挖掘机占绝大部分的是全液压全回转挖掘机。液压挖掘机主要由发动机、液压系统、工作装置、行走装置和电气控制等部分组成。液压系统由液压泵、控制阀、液压油缸、液压马达、管路、油箱等组成。电气控制系统包括监控盘、发动机控制系统、泵控制系统、各类传感器、电磁阀等。

2.2.4 在输变电工程施工中的应用

挖掘机是土石方工程中的主要施工机械之一，它主要由动力装置、传动系、行动系、回转机构、操纵机构、电气设备和工作装置等部分组成。其中，工作装置根据作业要求的不同，可换装成十几个类型，因此它广泛应用于公路、铁路、建筑、矿山、电力、水利、国防等各项工程中。电力施工中主要用于大型铁塔的基础施工等。

2.3 抱　杆

抱杆是在输电线路施工中通过绞磨、卷扬机等驱动机构牵引连接在承力结构上的绳索而达到提升、移动物品的一种轻小型起重设备。抱杆主要有单抱杆、人字抱杆、摇臂抱杆、组合式抱杆、落地抱杆等。

2.3.1 基本分类

抱杆可以分为以下八类，各类抱杆及其特点如下：

（1）倒落式人字抱杆。利用倒落式人字抱杆整体立塔是一项成熟的施工方法。经过几十年的经验积累，整体立塔已经形成了一套完整的标准化的工艺流程和操作方法。

（2）座腿式人字抱杆。座腿式人字抱杆整体立塔是由倒落式人字抱杆整体立塔发展而来的，其特点是人字抱杆由座落地面改为座落在铁塔的塔腿上。

（3）内悬浮内拉线抱杆。内悬浮内拉线抱杆是指抱杆置于铁塔结构中心呈悬浮状态，抱杆拉线固定于铁塔的四根主材上，故称其为内拉线。该组塔方法已成为我国输电线路铁塔组立中主要的方法之一。内悬浮内拉线抱杆分解组塔主要适用于 110～220kV 输电线路的各种自立式铁塔，也可以在 500kV 输电线路铁塔组立中使用。

（4）内悬浮外拉线抱杆。抱杆的临时拉线有两种布置方式，即内拉线和外拉线。外拉线是抱杆拉线由抱杆顶引至铁塔以外的地面，通过拉线控制器与地锚连接固定。内悬浮外拉线抱杆组塔法广泛用于各种电压等级输电线路铁塔组立中，特别适用于 500kV 及以上输电线路。内悬浮外拉线抱杆与内拉线抱杆相比，前者更适于起吊较重的塔片。

（5）座地式摇臂抱杆。座地式抱杆也称为通天座地式抱杆。就其竖立位置来看，座地式抱杆分为在铁塔内和在铁塔外两种。就抱杆头部来看，有带摇臂和不带摇臂两种。座地式摇臂抱杆适用于 220～500kV 输电线路的各种类型铁塔。

（6）内悬浮带摇臂抱杆。内悬浮带摇臂抱杆是在内悬浮外拉线抱杆和座地摇臂抱杆基础上经工艺改进而形成的。与内悬浮外拉线抱杆相比，增加了摇臂，有利于酒杯塔曲臂的吊装；它与座地式抱杆相比，增加了外拉线，使抱杆更加稳定，提高了抗风和承受水平荷载的能力；比座地摇臂抱杆短，运输及提升较轻便。但是它比内悬浮外拉线抱杆的自重大，特别是抱杆重心高，在操作上要求更加严格。

（7）外拉线抱杆。外拉线抱杆分解组塔，是使用较早的一种分解组塔方法，工艺比较成熟。它是指抱杆根固定于铁塔主材某节点或预留孔处，抱杆顶挂四条落地拉线用以平衡起吊重力及抱杆的稳定。外拉线抱杆分解组塔的特点是拉线落地，因此适用于比较平坦的地形条件。它与内悬浮外拉线抱杆的差别在于抱杆根的固定方式不同。

（8）小抱杆。小抱杆是指比常规组塔方法（外抱杆、内悬浮抱杆等）使用的抱杆长度短一些，断面小一些的抱杆，习惯上称为小抱杆。小抱杆的材料有木质、铝合金及钢。

除此之外，抱杆还有以下几种分类方式：

（1）按主要材料分为铝合金抱杆、钢抱杆、铝钢等多种材料混合抱杆、木抱杆及其他材料抱杆。

（2）按杆体型式分为格构式抱杆（主材为角钢、钢管等）和管式抱杆。

（3）按结构型式分为单抱杆、人字抱杆和摇臂抱杆等。

（4）按使用方法分为悬浮抱杆和落地抱杆等。

2.3.2　技术原理

（1）内悬浮外拉线抱杆。

1）铁塔组立到一定高度，塔材全部装齐且紧固螺栓后即可提升抱杆。根据抱杆的重量和牵引动力，可以采用单绳牵引或双绳滑车组牵引的方法，如图 2-9 所示。

2）提升过程中应设置不少于两道腰环，腰环拉索收紧并固定在 4 根主材上，两道腰环的间距不得小于 6m。抱杆高出已组塔体的高度，应满足待吊段顺利就位的要求。外拉线未受力前，不应松腰环；外拉线受力后，腰环应呈松弛状态，如图 2-10 所示。

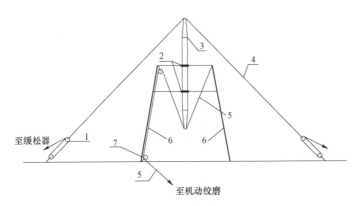

图 2-9　内悬浮外拉线抱杆提升布置示意图（一）

1—拉线调节滑车组；2—腰环；3—抱杆；4—抱杆拉线；5—提升钢丝绳；6—已立塔身；7—转向滑车

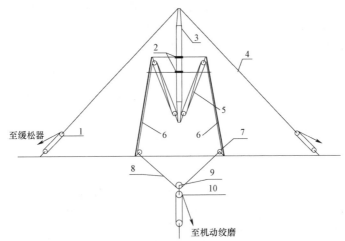

图 2-10　内悬浮外拉线抱杆提升布置示意图（二）

1—拉线调节滑车组；2—腰环；3—抱杆；4—抱杆拉线；5—提升滑车组；6—已立塔身；

7—转向滑车；8—牵引绳；9—平衡滑车；10—牵引滑车组

3）抱杆提升过程中，应设专人对腰环和抱杆进行监护；随着抱杆的提升，应同步缓慢放松拉线，使抱杆始终保持竖直状态。

4）抱杆提升到预定高度后，将承托绳固定在主材节点的上方或预留孔处。

5）抱杆固定后，收紧拉线，调整腰环使腰环呈松弛状态。调整抱杆的倾斜角度，使其顶端定滑车位于被吊构件就位后的结构中心的垂直上方。

（2）内悬浮内拉线抱杆。

1）提升前按照施工计算确定的钢丝绳长度安装内拉线，如图 2-11 所示。

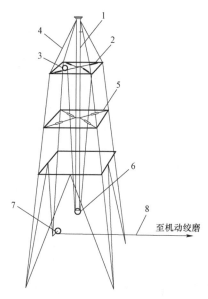

图 2-11　内悬浮内拉线抱杆提升布置示意图

1—抱杆；2—上腰箍；3—腰滑车；4—内拉线；5—下腰箍；6—地滑车；7—转向滑车；8—牵引绳

2）其他同内悬浮外拉线抱杆提升方案。

2.3.3　结构组成

内悬浮外（外）拉线抱杆的主要组成部分为抱杆和外拉线，主要机具设备是起吊滑车组、牵引装置动绞磨以及承托系统和攀根绳等。通常将抱杆底部落地，利用外拉线稳定抱杆。

2.3.4　在输变电工程施工中的应用

抱杆在输电线路组塔施工中起到了主导作用，目前在输电线路建设吊装施工中使用的日益广泛，已成为组塔的主要施工装备之一。

2.4　货　运　索　道

随着大规模、高电压等级电网工程的建设，输电线路路径选取越发困难，传统的运输方式很难甚至无法满足施工的需要。索道运输方案在复杂地形、重型塔件等施工条件下已广泛采用。

2.4.1 基本分类

（1）循环式索道运输。

1）单跨单索循环式索道运输。单跨单索循环式索道运输具有适用范围广、操作简便等特点，适用于最大运重不超过 2t，跨度一般不超过 1000m 的点对点物料运输。索道由承载索、返空索、牵引索、驱动装置、支架等部分组成，现场布置示意如图 2−12 所示。

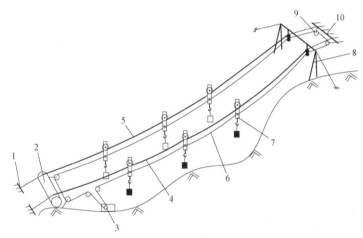

图 2−12　单跨单索循环式索道运输现场布置示意图

1—始端地锚；2—始端支点；3—驱动装置；4—承载索；5—返空索；6—牵引索；
7—货车；8—终端支架；9—高速滑车；10—终端地锚

2）多跨单索循环式索道运输。多跨单索循环式索道运输具有适用范围广、运输距离远等特点，适用于最大运重不超过 2t，中间支架一般不超过 7 个，每跨跨度一般不超过 600m，全长一般不超过 3000m 的远距离物料运输。索道由承载索、返空索、牵引索、始端支架、中间支架、终端支架、驱动装置等部分组成，现场布置示意如图 2−13 所示。

3）单跨多索循环式索道运输。单跨多索循环式索道运输具有单件运输重量大、施工效率高等特点，适用于运重为 2~5t，跨度一般不超过 1000m 的点对点物料运输。索道由多根承载索、返空索、牵引索、驱动装置、支架等部分组成，现场布置示意如图 2−14 所示。

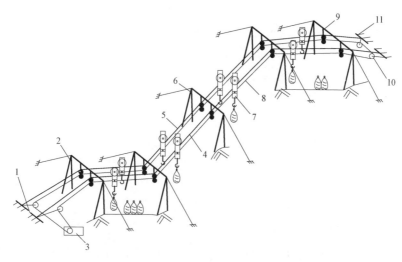

图 2-13　多跨单索循环式索道运输现场布置示意图

1—始端地锚；2—始端支架；3—驱动装置；4—承载索；5—返空索；6—牵引索；

7—货车；8—中间支架；9—终端支架；10—高速滑车；11—终端地锚

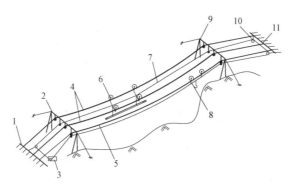

图 2-14　单跨多索循环式索道运输现场布置示意图

1—始端地锚；2—始端支架；3—驱动装置；4—承载索；5—返空索；6—货车；

7—牵引索；8—返空车；9—终端支架；10—高速滑车；11—终端地锚

4）多跨多索循环式索道运输。多跨多索循环式索道运输具有单件运输重量大、操作较复杂等特点，适用于运重为 2～5t，中间支架一般不超过 7 个，每跨跨度一般不超过 600m，全长一般不超过 3000m 的远距离物料运输。索道由多根承载索、返空索、牵引索、始端支架、中间支架、终端支架、驱动装置等部分组成，现场布置示意如图 2-15 所示。

输变电工程施工装备安全防护手册

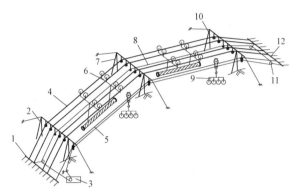

图 2-15　多跨多索循环式索道运输现场布置示意图

1—始端地锚；2—始端支架；3—驱动装置；4—承载索；5—返空索；6—货车；7—中间支架；
8—牵引索；9—返空车；10—终端支架；11—高速滑车；12—终端地锚

（2）往复式索道运输。

1）单跨单索往复式索道运输。单跨单索往复式索道运输具有设备简易、通道小、操作简便等特点，适用于最大运重不超过 2t，跨度一般不超过 1000m 的点对点物料运输。索道由承载索、牵引索、驱动装置、支架等部分组成，现场布置示意如图 2-16 所示。对于高差大的往复式索道运输，可将驱动装置布置在高端支点处，依靠重力实现货车回程。

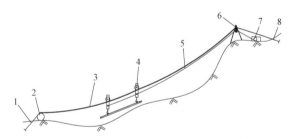

图 2-16　单跨单索往复式索道运输现场布置示意图

1—始端地锚；2—始端支点；3—承载索；4—货车；5—牵引索；6—终端支架；7—驱动装置；8—终端地锚

2）单跨多索往复式索道运输。单跨多索往复式索道运输具有单件运输重量大，操作较简便等特点，适用于运重为 2～5t，跨度一般不超过 1000m 的点对点物料运输。索道由多根承载索、牵引索、驱动装置、始端支架等部分组成，现场布置示意如图 2-17 所示。该运输方式可改装为单跨单索循环式索道运输，提高运输效率。

3）缆式吊车索道运输。缆式吊车索道运输是一种具有吊车功能的往复运货索道，一般只有一台货车并具有两套独立驱动系统，适用于装载点在峡谷底部而卸载点在两侧山顶，最大运重一般不超过 2t 的物料运输。索道由承载索、牵引索、提升索、始端支架、终端支架、中间支架、驱动装置等部分组成，现场布置示意如图 2-18 所示。

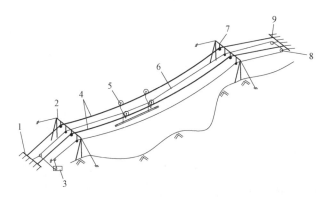

图 2-17　单跨多索往复式索道运输现场布置示意图

1—始端地锚；2—始端支架；3—驱动装置；4—承载索；5—货车；6—牵引索；

7—终端支架；8—高速滑车；9—终端地锚

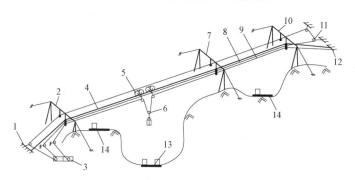

图 2-18　缆式吊车索道运输现场布置示意图

1—始端地锚；2—始端支架；3—驱动装置；4—承载索；5—货车；6—提升系统；7—中间支架；

8—牵引索；9—提升索；10—终端支架；11—高速滑车；12—终端地锚；13—装载场；14—卸载场

2.4.2　技术原理

　　工程货运索道系统包括承力系统、动力系统、循环系统和材料装卸系统。在选择运输路经后，需要确定索道的上锚固点，将张起承载绳固定；牵引绳通过下锚固点的卷扬机提供动力，通过上锚固点的转向滑车形成一个闭合的环。运行时，承载绳固定不动，牵引绳在卷扬机的带动下循环运动，运载小车固定在牵引绳上，通过运载小车上的滑车在承载绳上移动，从而带动货物运输。

2.4.3 结构组成

（1）工作索。

1）承载索。承载索宜采用外粗式同向捻的钢丝绳，一般用"6×7钢丝＋1麻芯"钢丝绳或同规格异型钢丝绳，承载索拉紧索的安全系数不得小于4.5。

2）牵引索。由于牵引索要通过滑车和牵引机卷筒，牵引索一般选用线接触或面接触同向捻带绳芯的股捻钢丝绳，可采用较柔软、耐磨性好的"6×19钢丝＋1麻芯"钢丝绳。由于牵引索承受弯曲和扭转的次数较多，一般选用强度为1370～1770MPa的钢丝绳，牵引索的安全系数不得小于4.5。

（2）支架。支承工作索到设计高度的支承结构，称为支架。主要包括支腿、横梁、鞍座、托索轮等。

1）支承器。支承器固定在支架上，用来支承承载索、返空索、牵引索。支承器由本体、鞍座、滚轮、导向杆等部分组成。

2）鞍座。鞍座是支承器上用于承托承载索的部分。鞍座一般采用铸铁、钢制或焊接结构，绳槽宜设带润滑装置的尼龙或青铜衬垫。

（3）货车。货车主要包括运行小车、料罐及简易提升装置等。

1）运行小车。根据输电线路实际情况，一般地形应选用下部牵引式货车（牵引索在承载索下方），水平牵引式货车（牵载索在承载索侧面）应用较少。货车整体重量应尽可能轻，以增加有效装载量。

最常用的是单轮运行小车，示意如图2-19所示，其上部是行走轮，使本体能在承载索或返空索上移动，中部是抱索器（钳口），使本体与牵引索既能牢固的连接，又能迅速脱离，下部是吊钩，用来悬挂运送的货物或料罐。

2）料罐等载物装置。在输电线路工程中，运输量最大的是混凝土，常用料罐进行运输。

（4）驱动装置。驱动装置应具有逐级加载和平稳停车的制动性能，对于制动型索道和停车后会倒转的动力型索道，应设工作制动器和安全制动器。

（5）地锚。常用的简易地锚主要包括立式桩地锚、卧式桩地锚和重力地锚3种型式。

2.4.4 在输变电工程施工中的应用

在地形复杂、条件恶劣的输电线路工程施工中货运索道运输技术具有特殊的竞争优势，尤其在货运量较大、现有运输手段很难甚至无法满足要求时

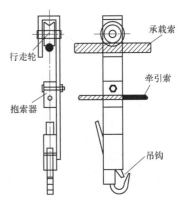

行走轮

承载索

牵引索

抱索器

吊钩

图2-19 单轮运行小车示意图

其作用更加明显。货运索道运输技术在物料输送中发挥着重要作用，在地形、地势复杂的山区更是最经济的运输方式之一。

目前，陆续开展了的新型货运索道，向大倾角、长运距、大运量方向发展。输送能力、运行速度、货车的有效载重量分别向输送能力多、运行速度高、有效装载量大的方向发展，也是今后索道技术发展趋势。

2.5　牵　张　设　备

牵张设备是张力架线施工中的重要装备，主要包括用于导线张力展放的主牵引机和主张力机，以及用于牵引绳展放的小牵引机和小张力机。为完成导线的张力展放，还需要导线线轴架、钢绳卷车、放线滑车、牵引板、牵引绳、卡线器等大量施工机具配合。在此重点介绍牵引机和张力机。从总体布置角度，牵引机以拖车形式安装为主，且多采用单轴拖车，少量采用车载式安装方式；张力机均采用单轴拖车形式安装。

2.5.1　基本分类

（1）牵引机的类型很多，一般按总体布置、传动方式、牵引卷筒型式分类。

1）按总体布置型式可分为拖车式牵引机、自行驶式牵引机和台式牵引机。

2）按传动方式可分为液压传动牵引机、液力传动牵引机、机械传动牵引机、电气传动牵引机。

3）按牵引卷筒型式分为双摩擦卷筒式牵引机、磨芯式牵引机、卷线筒式牵引机。

（2）张力机一般可按制动张力产生装置和放线机构形式分类。

1）按制动张力产生的方法分为液压制动张力机、机械摩擦制动张力机、电磁制动张力机、空气压缩制动张力机。

2）按放线机构的型式分为双摩擦卷筒张力机、滑动槽链卷筒张力机、单槽大包角双摩擦轮张力机、多轮滚压式或履带压延式张力机、卷线筒式张力机、磨芯式单卷筒张力机。

2.5.2　技术原理

（1）牵引机。在导线张力展放过程中起牵引作用的施工装备称为主牵引机。主牵引机应具有健全的工作机构、控制机构和保安机构，能在使用地区自然环境下连续工作。变速机构以无级变速为优。主卷扬机构工作应平稳。主牵引机的额定牵引力可按下式选用

$$P \geqslant m K_{\mathrm{p}} T_{\mathrm{p}}$$

式中　P——主牵引机的额定牵引力，N；

　　　　m——同时牵放子导线的根数；

　　　　K_{p}——选择主牵引机额定牵引力的系数，可取 $K_{\mathrm{p}} = 0.25 \sim 0.33$；

　　　　T_{p}——被牵放导线的保证计算拉断力。

与主牵引机配套，将牵引绳回盘至钢绳卷筒上的机械或机构叫钢绳卷车，钢绳卷车应符合以下要求：

1）驱动能源来自主牵引机，并由主牵引机司机集中操作和控制。

2）输送动力油源的高压软管接头采用密封良好的快速接头。

3）能与主牵引机同步运转，保证牵引绳不在主牵引机卷扬机构上打滑或松脱（掉套），即保持牵引绳尾部张力满足

$$2000 < P_{\mathrm{W}} < 5000$$

式中　P_{W}——牵引绳尾部张力。

4）具有良好的排绳机构，能使牵引绳整齐地排列在钢绳卷筒上。

5）具有平滑可调且允许连续工作的制动装置，在展放牵引绳时能有效控制钢绳轴的惯性。

在展放牵引绳过程中起牵引作用的施工装备称为小牵引机。小牵引机一般随带可升降的导引绳回盘机构。小牵引机的额定牵引力可按下式选择

$$p \geqslant \frac{1}{10} Q_{\mathrm{p}}$$

式中　p——小牵引机的额定牵引力；

　　　　Q_{p}——牵引绳的综合破断力。

（2）张力机。在导线张力展放过程中对导线施加反向张力的施工设备称为主张力机。主张力机应具有健全的工作机构和控制机构，能连续平稳地调整放线张力；能与主牵引机同步运转；能在使用地区自然环境下连续工作；放线张力一经调定后能基本保持恒定不变；能分别控制同时牵放的各子导线的放线张力，或用其他方法补偿各子导线在牵放过程中可能出现的张力差；导线轮和导线导向滚轮均不损伤导线。主张力机单根导线额定制动张力可按下式选用

$$T = K_{\mathrm{T}} T_{\mathrm{p}}$$

式中　T——主张力机单导线额定制动张力，N；

　　　　K_{T}——选择主张力机单导线额定制动张力的系数，可取 $K_{\mathrm{T}} = 0.17 \sim 0.20$。

架设导线线轴并为张力机提供导线尾部张力的机具叫线轴车或线轴架。线轴车或线轴架均应具有可调制动装置，使制动张力即导线尾部张力保持满足

$$1000＜T_\text{W}＜2000$$

式中　T_W——导线的尾部张力。

尾部张力不宜过大，以免导线在线轴上产生过大的层间挤压及在展放过程中产生剧烈振动；也不宜过小，以免导线在主张力机导线轮上滑动及在线轴上松套。

2.5.3　结构组成

（1）牵引机一般由动力部分、主传动部分、制动器、减速装置总成、牵引卷筒、钢丝绳卷绕装置、机架及辅助装置等几大部分组成。其中，有的牵引机没有钢丝绳卷绕装置，而采用独立的钢丝绳卷绕装置。

（2）张力机大体由张力产生和控制装置、导线展放机构、机械传动总成、制动器和机架及辅助装置等组成。

2.5.4　在输变电工程施工中的应用

牵张设备是用于张力架线的特殊施工机械，随着电力需求的增长，相应的电力工程不断增多，投入使用的牵张设备也相应增加。

架线作业是输电线路施工建设中的关键工序，输电线路建设要求电缆保持一定的张力，因此架线施工作业中电缆牵引机与张力机为一对关键设备。工作时张力机在架线施工的一端展放钢丝绳或电缆，同时牵引机在施工的另一端进行钢丝绳的牵引和回收。

2.6　起　重　机　械

起重机械是指用于垂直升降或者垂直升降并水平移动重物的机电设备，其范围规定为额定起重量大于或者等于 0.5t 的升降机；额定起重量大于或者等于 1t，且提升高度大于或者等于 2m 的起重机和承重形式固定的电动葫芦等。在这里主要介绍输变电施工中经常用到的汽车起重机械和履带起重机械。

2.6.1　基本分类

输变电工程施工中，主要用到的起重机械有汽车底盘的起重机（汽车起重机）以及履带底盘的起重机（履带式起重机），这两种起重机械经常用于输电线路中的组塔施工，以及变电站中大型重物的起吊。

2.6.2 技术原理

起重机械通过起重吊钩或其他取物装置起升或起升加移动重物。起重机械的工作过程一般包括起升、运行、下降及返回原位等步骤。起升机构通过取物装置从取物地点把重物提起，经运行、回转或变幅机构把重物移位，在指定地点下放重物后返回到原位。

汽车起重机是装在普通汽车底盘或特制汽车底盘上的一种起重机，其行驶驾驶室与起重操纵室分开设置。汽车起重机的优点是机动性好、转移迅速，采用的是专用或通用卡车底盘，适宜于公路行驶。汽车起重机的优点是作业性能高、结构较简单、性价比高、作业辅助时间少、作业高度和幅度可随时变换。缺点是工作时需支腿，且对地面平整度要求较高，不能在松软地面进行作业。

与汽车起重机类似，履带式起重机是以履带车为底盘的起重机，但履带式起重机对地面的要求较汽车起重机低，可以在较为恶劣的地面行进。

2.6.3 结构组成

工作机构包括起升机构、运行机构、变幅机构和旋转机构，被称为起重机的四大机构。

（1）起升机构，是用来实现物料的垂直升降的机构，是任何起重机不可缺少的部分，因而是起重机最主要、最基本的机构。

（2）运行机构，是通过起重机或起重小车运行来实现水平搬运物料的机构，有无轨运行和有轨运行之分，按其驱动方式不同分为自行式和牵引式两种。

（3）变幅机构，是臂架起重机特有的工作机构。变幅机构通过改变臂架的长度和仰角来改变作业幅度。

（4）旋转机构，是使臂架绕着起重机的垂直轴线作回转运动，在环形空间运移动物料的机构。起重机通过某一机构的单独运动或多机构的组合运动，来达到搬运物料的目的。

2.6.4 在输变电工程施工中的应用

输变电工程施工中，主要的起重机械有汽车式起重机和履带式起重机，主要用于铁塔组立施工和变电（换流）站设备安装。

2.7 高 空 作 业 车

高空作业车作为一种特殊工程车辆，其特殊性在于：一是高安全性，载人高空作业，其作业安全性要求高于其他起重举升车辆；二是高适应性，由于施工场所环境的非结构性，即其工作环境不可预知并且多变，因此要求其对环境具有较高适应能力；三是高效率，高空作业车经常用于抢修作业，并且多为室外或野外作业，作业环境条件差，所以要求其具有较高作业效率。另外，由于高空作业车应用的领域逐渐扩大，涉及行业多，市场对高空作业车的要求千差万别，呈现出个性化、差异化和多样化的需求特征。与国外高空作业车一般只有高空作业功能不同，我国用户要求附加的辅助功能很多，主要有臂架起重、平台小吊、驾驶室载人多、货车式车厢用于载货等。

2.7.1　基本分类

　　高空作业车按照结构的类型可以分为伸缩臂式（代号 S）、折叠臂式（代号 Z）、混合臂式（代号 H）、垂直升降式（代号 C）。另外还有自行式、剪叉式等。此外，也可以分为套缸式高空作业车，铝合金式高空作业车。其中垂直升降式工作车承重大，但作业高度受限，机动性差，不灵活，目前国内广泛应用的是折臂升降式高空作业车。

　　（1）剪叉式高空作业车用途广泛。它的剪叉机械结构，使升降台起升有较高的稳定性，宽大的作业平台和较高的承载能力，使高空作业范围更大、并适合多人同时作业。剪叉式高空作业车高空作业效率更高，安全更保障，如图 2-20 所示。

　　（2）自行式高空作业车主要特点是：使用人员可以不用下升降台就可控制机械升降、行走，可在台面上控制设备行驶到其他的工作地点。设备自身具有行走及转向驱动功能，不需人工牵引，不需外接电源。移动灵活方便，令高空作业更方便快捷，是现代企业高效安全生产的理想高空作业设备，如图 2-21 所示。

图 2-20　剪叉式高空作业车　　　　图 2-21　自行式高空作业车

（3）伸缩臂式高空作业车是服务于各行业高空作业、设备安装、检修等可移动性高空作业的产品。伸缩臂式高空作业平台主要分为直臂式高空作业平台和屈臂式高空作业平台，多用于船厂等高度要求较高的场所，此类机器安全性较好，移动方便，但是成本很高，如图 2－22 所示。

（4）曲臂式高空作业车移动方便，曲臂结构紧凑，采用新型优质型钢，强度高，重量轻，直接接入交流电或采用车自身动力启动，架设速度快，具有伸缩臂，工作台既可升高又可延伸，还可 360 度旋转，易于跨越障碍物到达工作位置，是理想的高空作业设备，如图 2－23 所示。

图 2－22　伸缩臂式高空作业车　　　　图 2－23　曲臂式高空作业车

（5）套缸式高空作业车是一种多用途的高空作业机械，其功能将载有作业人员和使用器材的平台送到指定高度进行空中作业的特种工程设备。这种设备被广泛用于工矿车间、高大厅堂、仓库、车站、广场等高空作业，如图 2－24 所示。

图 2－24　套缸式高空作业车

2.7.2　技术原理

高空作业车的结构和工作原理如下：

（1）高空作业车取力装置。取力装置由液压油泵、取力器、软轴拉线组成。用以将汽车动力输出至液压油泵，成为液压能。它是通过安装在汽车驾驶室内的手柄的动作，软轴拉线使取力齿轮与汽车变速箱内取力输出齿接合或分离，从而使液压油泵工作或停止。注意：汽车行驶时，取力器中的取力齿应脱开，液压油泵不工作。

（2）高空作业车回转机构。回转机构由液压马达、行星齿轮减速器、回转支承等组成。其工作原理是：液压马达驱动减速器，减速器输出轴上的小齿轮旋转推动回转支承，使转台回转。

（3）高空作业车中央回转接头。中央回转接头，安装在转台回转中心处，用以解决工作时副车架相对地面静止，上部回转。实现油液及电能由下车向上车的传递。由于滑环的作用，液压管路及电线不扭结。

（4）高空作业车液压系统。液压系统由一只主泵供油，其工作压力由溢流阀调定。当取力齿轮接合时，带动主液压油泵运转，油箱内的油通过液压油泵输出，到达支腿操作阀。支腿操作完毕后，将分配手柄拨到上车，此时液压油就从支腿油路切换到上车，上车部分即可进行工作。

2.7.3　结构组成

高空作业车正常进行作业时，需要工作机构、金属结构、动力装置与控制系统四部分。这四个部分的组成及其作用如下：

（1）工作机构。工作机构是为实现高空作业车不同的运动要求而设置的。高空作业车一般设有变幅机构、回转机构、平衡机构和行走机构。依靠变幅机构和回转机构实现载人工作斗在两个水平和垂直方向的移动；依靠平衡机构实现工作斗和水平面之间的夹角保持不变，依靠行走机构实现转移工作场所。高空作业车变幅是指改变工作斗到回转中心轴线之间的距离，这个距离称为幅度。变幅机构扩大了高空车的作业范围，由垂直上下的直线作业范围扩大为一个面的作业范围。高空作业车变幅机构一般采用液压油缸变幅。

（2）金属结构。工作臂、回转平台、副车架（车架大梁，门架、支腿等）金属结构是高空作业车的重要组成部分。高空作业车的各工作机构的零部件都是安装或支承在这些金属结构上的。金属结构是高空作业车的骨架。它承受高空作业车的自重以及作业时的各种外载荷。组成高空作业车金属结构的构件较多，其重量通常占整机重量的一半以上，耗钢量大。因此，高空作业车金属结构的合理设计，对减轻高空作业车自重，提高作业性能，节约钢材，提高高空作业车的可靠性都有重要意义。

（3）动力装置。动力装置是高空作业车的动力源。由于高空作业车采用汽车底盘作为行走机构，通常不再另外设置动力源，而是直接采用汽车底盘发动机作为整车的动力源。高空作业车需要的功率不大，一般为 10～20kW，而载重汽车底盘发动机的功率根据载重量不同从 50kW 到 150kW 以上，且高空作业车工作时不允许底盘行驶，因此底盘发动机的动力足以保证高空作业装置工作。因为高空作业装置需要功率不大，通常高空作业车采用变速箱取力方式，通过安装在底盘变速箱侧面的取力器取出发动机的动力，并驱动液压油泵向高空作业装置供油。取力系统中还设置控制装置，在底盘行驶时，取力器没有输出，液压油泵不工作，需要进行高空作业时，取力器输出，液压油泵工作。

（4）控制系统。高空作业车控制系统是解决各机构怎样运动的问题。如动力传递的方向，各机构运动速度的快慢，以及使机构启动停止等。控制系统包括操纵装置、执行元件和安全装置。目前高空作业车全部采用电气液压操纵，因此控制装置包括各种液压操作阀，电控装置等，以实现机构的启动、调速、换向、制动和停止。执行元件包括变幅用的液压油缸、回转马达、油泵等，用来推动结构件实现动作。安全装置包括各种传感器、行程开关、报警器、液压锁止阀，用来检测危险工况，保证工作安全。

2.7.4　在输变电工程施工中的应用

随着高空作业车功能的不断完善，安全控制的进一步智能化，必将给作业人员带来更安全、方便、快捷和高效的服务。

2.8　真空滤油机

真空滤油机是针对各类油浸式变压器、油浸式电流电压互感器及高压少油断路器，进行现场滤油及补油的设备，如图 2-25 所示。

2.8.1　基本分类

真空滤油机基本可分为聚集式真空滤油机、透平油滤油机、多功能真空净油机、双级真空滤油机等。

2.8.2　技术原理

真空净油机是根据水和油的沸点不同原理而设计的，它由真空加热罐精滤器、冷凝器、初滤器、水箱、真空泵、排油泵以及电气柜组

图 2-25　真空滤油机示意图

成的。真空泵将真空罐内的空气抽出形成真空，外界油液在大气压的作用下，经过有入口管道进入初滤器，清除较大的颗粒，然后进入加热罐内，经过加热 40～75℃的油通过自动油漂阀，此阀是自动控制进入真空罐内的油量进出平衡。经过加热后的油液通过喷翼飞快旋转将油分离成半雾状，油中的水分急速蒸发成水蒸气并连续被真空泵吸入冷凝器内。进入冷凝器的水蒸气经冷却后再返原成水放出，在真空加热罐内的油液，被排油泵排入精滤器通过滤油纸或滤芯将微粒杂质过滤出来，从而完成真空滤油机迅速除去油中杂质、水分、气体的全过程，使洁净的油从出油处排出机外。

2.8.3　结构组成

真空滤油机由初滤器、液压油泵、加热器、真空罐、真空泵、冷凝器、精滤器、以及电气控制，保护回路等组成。

2.8.4　在输变电工程施工中的应用

可用于电厂、电站、电力公司、变电工业。

（1）对各类油浸式变压器、油浸式电流电压互感器及高压少油断路器，进行现场滤油及补油。

（2）对上述设备进行现场热油循环干燥，尤其是对油浸式电流、电压互感器及高压少油断路器的现场热油循环干燥更为有效。

（3）对密封油浸设备进行现场真空注油和补油及设备抽真空。

（4）对轻度变质的变压器油进行再生净化，使其性能达到合格油标准。

第 3 章

安 全 评 估 方 法

可用于机械设备的安全评估方法主要有 LEC 法、故障及影响分析评估法和风险矩阵安全评估分析法等三种安全评估分析方法,下面对三种安全评估方法进行对比,确定适用于输变电工程施工装备的最佳安全评估方法。

3.1 LEC 法安全评估法

以悬浮抱杆为例,按作业顺序、各系统分类辨识危险源(点),主要危险源(点)形式有高处坠落、机械伤害、起重伤害、机具伤害、物体打击、触电等。风险评定等级参照《国家电网公司电网工程施工安全风险识别、评估及控制办法》,使用 LEC 法进行评定,风险从小到大分为五级,一到五级分别对应:稍有风险、一般风险、显著风险、高度风险、极高风险。

(1)风险评定。风险值

$$D = L \times E \times C$$

式中　　D——风险值;

　　　　L——发生事故的可能性大小;

　　　　E——人体暴露在这种危险环境中的频繁程度;

　　　　C——一旦发生事故会造成的损失后果。

L、E、C 的取值按表 3-1~表 3-3 规定。

D 值越大,说明该系统危险性大,需要增加安全措施,或改变发生事故的可能性,或减少人体暴露于危险环境中的频繁程度,或减轻事故损失,直至调整到允许范围内。

表 3-1　　　　　　　　　L 取 值 规 定

分数值	发生事故的可能性
10	完全不可能预料
6	相当可能

分数值	发生事故的可能性
3	可能但不经常
1	可能性小，完全意外
0.5	很不可能，但可以设想
0.2	极不可能
0.1	实际不可能

表 3-2 E 取 值 规 定

分数值	风险事件出现的频率程度
10	连续
6	每天工作时间
3	每周一次
2	每月一次
1	每年几次
0.5	非常罕见

表 3-3 C 取 值 规 定

分数值	发生风险事件产生的后果
100	大灾难，无法承受损失
40	灾难，几乎无法承受损失
15	非常严重，非常重大损失
7	严重损失
3	重大损失
1	一般损失
0.5	轻微损失

（2）风险等级。

1）稍有风险，$D \leqslant 20$，指作业过程存在较低的安全风险，不加控制可能发生轻伤及以下事件的施工作业。

2）一般风险，$20 \leqslant D < 70$，指作业过程存在轻度或一定的安全风险，不加控制可能发生人身轻伤事故的施工作业，需要注意。

3）显著风险，$70 \leqslant D < 160$，指作业过程存在较高的安全风险，不加控制可

能发生人身重伤或人身死亡事故的施工作业，需要整改。

4）高度风险，$160 \leqslant D < 320$，指作业过程存在高的安全风险，不加控制容易发生人身死亡事故，需要立即整改。

5）极高风险，$D \geqslant 320$，指作业过程存在很高的安全风险，不加控制可能发生群死群伤事故的施工作业，应采取措施降低风险等级，否则不能继续作业。

3.2 故障及影响分析评估法

故障及影响分析（Failure Mode and Effect Analysis，FMEA）是安全系统工程中重要的分析方法之一。它是由可靠性工程发展起来的，主要分析系统、产品的可靠性和安全性。它采用系统分割的概念，根据实际需要分析的水平，把系统分割成子系统或进一步分割成元件。然后逐个分析元件可能发生的故障和故障呈现的状态［危险源（点）］，进一步分析故障类型对子系统以致整个系统产生的影响，最后采取措施加以解决。

在系统进行初步的分析后，对于其中特别严重，甚至会造成死亡或重大财物损失的故障类型，则可以单独拿出来进行详细分析，这种方法叫致命度分析。它是危险源（点）及影响分析的扩展，分析量化。1957年，美国开始在飞机发动机上使用FMEA方法。航天航空局和陆军进行工程项目招标时，都要求承包方提供FMEA分析。航天航空局还把FMEA当作保证宇航飞船可靠性的基本方法。尽管该方法是由可靠性发起来的，但目前它已在核电站、动力工业、仪器仪表工业中得到广泛应用，日本的机械制造业如丰田汽车发动机厂也使用该方法多年，并和质量管理结合起来，积累了相当完备的FMEA资料。OSHA认可FMEA作为合法的安全系统分析方法。在许多重要领域该方法也被规定为设计人员必须掌握的技术，其有关资料被规定为不可缺少的文件。在我国，军用标准GJB-450-88的可靠性设计及评价一节明确指出，FMEA是找出设计上潜在缺陷的手段，是设计审查中必须重视的资料之一。由于产品故障可能与设计、制造过程、使用、承包商/供应商以及服务有关，因此FMEA又细分如下。

（1）设计故障及影响分析（Design Failure Mode and Effect Analysis，DFMEA），又称设计FMEA。设计FMEA（也记为d-FMEA）应在一个设计概念形成之时或之前开始，并且在产品开发各阶段中，当设计有变化或得到其他信息时及时不断地修改，并在图样加工完成之前结束。其评价与分析的对象是最终的产品以及每个与之相关的系统、子系统和零部件。需要注意的是，d-FMEA在体现设计意图的同时，还应保证制造或装配能够实现设计意图。因此，虽然d-FMEA不是靠过程控制来克服设计中的缺陷，但其可以考虑制造/装配过程中技术/客观的限制，从而为过程控制提供了良好的基础。进行 d-FMEA 有助于：

1）设计要求与设计方案的相互权衡；

2）制造与装配要求的最初设计；

3）提高在设计/开发过程中考虑潜在危险源（点）及其对系统和产品影响的可能性；

4）为制订全面、有效的设计试验计划和开发项目提供更多的信息；

5）建立一套改进设计和开发试验的优先控制系统；

6）为将来分析研究现场情况、评价设计的更改以及开发更先进的设计提供参考。

（2）过程故障及影响分析（Process Failure Mode and Effect Analysis，PFMEA），又称过程 FMEA。过程 FMEA（也记为 p-FMEA）应在生产工装准备之前、在过程可行性分析阶段或之前开始，而且要考虑从单个零件到总成的所有制造过程。其评价与分析的对象是所有新的部件/过程、更改过的部件/过程及应用或环境有变化的原有部件/过程。需要注意的是，虽然 p-FMEA 不是靠改变产品设计来克服过程缺陷，但它要考虑与计划的装配过程有关的产品设计特性参数，以便最大限度地保证产品满足用户的要求和期望。p-FMEA 一般包括下述内容：

1）确定与产品相关的过程潜在危险源（点）；

2）评价故障对用户的潜在影响；

3）确定潜在制造或装配过程的故障起因，确定减少故障发生或找出故障条件的过程控制变量；

4）编制潜在危险源（点）分级表，建立纠正措施的优选体系；

5）将制造或装配过程文件化。

（3）设备故障及影响分析（Equipment Failure Mode and Effect Analysis，EFMEA）。EFMEA 由质量工具的 FMEA 引用、改编所得，可结合 TPM 并融合于TPM 之中，也可独立实行。作用采用 EFMEA 可以：

1）用来确定设备潜在的失效模式及原因，使设备故障在发生之前就得到预测，从源头阻止设备发生故障；

2）可以作为设备预防保养的标准之一；

3）可以作为人员培训之用；

4）指导日常工作。

3.3 风险矩阵安全评估分析法

风险矩阵安全评估分析法直接简洁地体现了对风险内涵的理解，这也是它获得广泛应用的原因之一。风险矩阵是风险矩阵安全评估分析法的基本平台，它与投资组合理论中的协方差矩阵存在显著的相似性。投资组合理论认为协方差矩阵在投资收益结算之前并不确定，而是随投资者的风险态度的变化而不同。风险矩阵同样不存在完全固定的形式，具体形式和内容也与决策者的风险态度息息相关。1995 年，美国空军电子系统中心在对采办项目的寿命周期风险评估工作中，首次系统地提出并广泛应用了风险矩阵安全评估分析法。

风险矩阵安全评估分析法的基本运用过程是：首先明确评估主体及需求，对其进行系统分析，给出项目风险定义；开展风险识别，确定需评估风险事态，并采用特定方法进行风险分析，以描述各风险事态的概率和损失水平；最后参考决策者的风险态度，划分概率和损失等级，建立风险矩阵，并依此对各风险事态进行风险评价表，表 3－4 给出了一个典型的风险评估矩阵。

表 3－4　　　　　　　　　　典型的风险评估矩阵

概率等级	损失等级				
	1	2	3	4	5
1	可忽略	可忽略	可接受	可接受	合理控制
2	可忽略	可忽略	可接受	合理控制	严格控制
3	可接受	可接受	合理控制	严格控制	不可接受
4	可接受	合理控制	严格控制	不可接受	不可接受
5	合理控制	严格控制	不可接受	不可接受	不可接受

以悬浮抱杆为例，各危险源（点）的严酷度由危害程度和可能性两个指标构成，从低到高共分为Ⅰ、Ⅱ、Ⅲ、Ⅳ、Ⅴ五个级别，分别用绿、蓝、黄、橙、红五种颜色标示。其中，可能性指标采用"行业内未听说过""行业内发生过""公司内发生过""公司内每年多次发生""在基层经常发生"五个级别进行衡量；危害程度指标分为 0、1、2、3、4 五个级别，并用"人员伤亡""财产损失""环境破坏""声誉影响"四个二级指标进行衡量，其中 0 级对应人员无伤害、财产无损失、环境无破坏、声誉无影响，1 级对应人员轻微伤害、财产轻微损失、环境轻微破坏、声誉轻微影响，2 级对应人员重大伤害、财产局部损失、环境局部破坏、声誉局部影响，3 级对应 1 人死亡、重大财产损失、重大环境破坏、重大声誉影响，4 级对应人员多人死亡、特大财产损失、巨大环境破坏、全国性的声誉影响。具体指标对照关系见表 3－5。

表 3-5　　　　　　　　　　悬浮抱杆故障及影响严酷度分级对照表

级别	危害程度				可能性				
	人员伤亡	财产损失	环境破坏	声誉影响	行业内未听说过	行业内发生过	公司内发生过	公司内每年多次发生	在基层经常发生
0	无伤害	无损失	无破坏	无影响	I	I	II	II	III
1	轻微伤害	轻微损失	轻微破坏	轻微影响	I	II	II	III	IV
2	重大伤害	局部损失	局部破坏	局部影响	II	II	III	IV	IV
3	1 人死亡	重大损失	重大破坏	重大影响	II	III	IV	IV	V
4	多人死亡	特大损失	巨大破坏	全国影响	III	IV	IV	V	V

3.4　输变电工程施工装备安全评估方法的比较和确定

通过上述三种方法的展现可以看出故障及影响分析评估法主要应用于大型设备如轮船、飞机的安全评估，对于输变电工程施工装备来说，这种方法很明显不适用；"LEC" 法和风险矩阵安全评估法比较适用于施工装备的安全评估，但风险矩阵安全评估分析法对于输变电施工来说显得较为粗糙，比如，大的事故比较难以发生，所以对其安全防范较为薄弱，但是一旦发生就会产生恶劣影响，容易降低工作人员的重视度。通过表 3-6 对三种评估方法进行对比分析可以看出，LEC 法具有明显的优势，综上所述，最终确定输变电工程施工装备的安全评估方法定为 LEC 法。

表 3-6　　　　　　　　　　三种评估方法对比分析表

评估方法	是否是定量或半定量分析	是否适用于设备设施分析	是否由多个评估指标构成	评估结果是否进行分级	是否适用于基层作业人员	在供电行业是否有应用先例
LEC 法	√	√	√	√	√	√
FMEA 法	√	√	√	√	×	×
风险矩阵安全评估分析法	√	√	√	√	×	×

3.5　输变电工程施工装备的 LEC 法安全评估

输变电工程施工装备的 LEC 法安全评估的主体对象是设备，因此输变电工程施工装备的 LEC 法安全评估应从设备的全生命周期进行考虑和分析，综合来看共计四个阶段，即设备设计与制造阶段、设备安装调试阶段、设备使用阶段、设备拆除阶段。各个阶段出现相关问题，都会对设备设施的安全使用造成一定的影响。

（1）设备设计与制造阶段影响设备安全的问题包括：① 设备人机工程设计；② 设备材料选择；③ 设备安全防护装置设计；④ 设备电气安全设计；⑤ 设备生产工艺；⑥ 其他原因。

（2）设备安装调试阶段影响设备安全的问题包括：① 设备安装方案设计；② 设备安装工具选择；③ 设备安装操作规程；④ 设备安装人员综合素质；⑤ 设备安装环境；⑥ 其他原因。

（3）设备使用阶段影响设备安全的问题包括：① 设备使用安全操作规程；② 设备使用人员综合素质；③ 设备日常维护保养；④ 设备使用环境；⑤ 设备检维修；⑥ 其他原因。

（4）设备拆除阶段影响设备安全的问题包括：① 设备拆除方案设计；② 设备拆除人员综合素质；③ 设备拆除使用的工具；④ 设备拆除现场工作环境；⑤ 其他原因。

根据设备使用全生命周期的各个特点，为了增强 LEC 法对设备安全评估的适用性，输变电工程施工装备的 LEC 法安全评估对传统 LEC 法进行了扩充，扩充结果如下：

风险评定等级参照《国家电网公司电网工程施工安全风险识别、评估及控制办法》，使用 LEC 法进行评定，风险从小到大分为五级，一到五级分别对应稍有风险、一般风险、显著风险、高度风险、极高风险。

（1）风险评定。风险值

$$D = L \times E \times C$$

式中　D——风险值；

　　L——发生事故的可能性大小；

　　E——人体暴露在这种危险环境中的频繁程度；

　　C——一旦发生事故会造成的损失后果，从设计与制造、安装与调试、使用与维护、拆除四个阶段进行考量和分析。

L、E、C 的取值按表 3-1、表 3-2、表 3-7 规定：

D 值越大，说明该系统危险性大，需要增加安全措施，或改变发生事故的可能性，或减少人体暴露于危险环境中的频繁程度，或减轻事故损失，直至调整到允许范围内。

表 3-7   C 取 值 规 定

分数值	发生风险事件产生的后果	设计与制造	安装与调试	使用与维护	拆除
100	大灾难，无法承受损失	安全设计上存在重大问题	安装与调试存在重大问题	使用与维护存在重大问题	拆除存在重大问题
40	灾难，几乎无法承受损失	安全设计上存在严重问题	安装与调试存在严重问题	使用与维护存在严重问题	拆除存在严重问题
15	非常严重，非常重大损失	部分安全设计上存在问题	部分安装与调试存在问题	部分使用与维护存在问题	部分拆除存在问题
7	严重损失	局部安全设计上存在问题	局部安装与调试上存在问题	局部使用与维护上存在问题	局部拆除上存在问题
3	重大损失	部分功能安全设计上存在问题	部分功能安装与调试上存在问题	部分功能使用与维护上存在问题	部分功能拆除上存在问题
1	一般损失	部分部件在安全设计上存在问题	部分部件在安装与调试上存在问题	部分部件在使用与维护上存在问题	部分部件在拆除上存在问题
0.5	轻微损失	安全设计上存在微小问题	安装与调试上存在微小问题	使用与维护上存在微小问题	拆除上存在微小问题

注　C 值取值时，以设备评估的各项问题的最恶劣工况为最高评分标准。

（2）风险等级。

1）稍有风险，$D \leqslant 20$，指设备设施存在较低的安全风险，不加控制可能发生轻伤及以下事件的施工作业；

2）一般风险，$20 \leqslant D < 70$，指设备设施存在轻度或一定的安全风险，不加控制可能发生人身轻伤事故的施工作业，需要注意；

3）显著风险，$70 \leqslant D < 160$，指设备设施存在较高的安全风险，不加控制可能发生人身重伤或人身死亡事故的施工作业，需要整改；

4）高度风险，$160 \leqslant D < 320$，指设备设施存在高的安全风险，不加控制容易发生人身死亡事故，需要立即整改；

5）极高风险，$D \geqslant 320$，指设备设施存在很高的安全风险，不加控制可能发生群死群伤事故的施工作业，应采取措施降低风险等级，否则不能继续作业。

（3）风险计算举例。

在某工地，某施工单位使用悬浮抱杆进行铁塔的分解组立施工。施工现场地形条件一般，三面较平坦，一面有鱼塘，拉线可以延长设置到鱼塘对面，本抱杆已服役 2 年，并且在使用前未进行维护检查，根部铆钉有锈蚀痕迹。请根据组塔的施工特点和现场作业条件，试用 D 风险计算进行风险评定。

答：组塔属于风险较高的作业，可能会发生事故，发生的概率较低。但是，一旦发生事故，往往会有人员伤亡。按 $D = L \times E \times C$ 计算如下。

L 取值：发生事故或风险事件的可能性，取值为 3。

E 取值：风险事件出现的频率程度，取值为 6。

C 取值：发生风险事件产生的后果，取值为 7。

$$D = L \times E \times C = 3 \times 6 \times 7 = 126$$

即，该组塔施工风险值为 126（$70 \leqslant D < 160$），属显著风险。

通过 LEC 法对主要施工机具的安全评估，对设备施工作业过程中可能遇到的风险进行的安全评估，其评估结果可以促使施工人员对每一个环节的重视和关注，必然会降低施工安全隐患的发生。

通过对传统 LEC 法进行改进和扩充，从设备设计与制造阶段、设备安装调试阶段、设备使用阶段、设备拆除阶段全生命周期进行分析，有效提升了 LEC 法在输变电工程施工装备安全分析与评估的效果，充分发挥了传统 LEC 法的特点，有效提升了传统 LEC 法的在设备设施安全分析上的适用性。

利用输变电工程施工装备的 LEC 安全评估法，依据《国家电网公司输变电工程施工安全风险识别、评估及预控措施管理办法》等，并结合对旋挖钻机、挖掘机、抱杆、货运索道、牵张设备、起重机械、高空作业车、真空滤油机等施工装备的施工原理和设备特点分析，制定了《输变电工程主要施工机具安全与防护规范》，最大程度地减少事故造成的人员伤亡和财产损失，维护人民生命安全和社会稳定。

第4章

危险源（点）的辨识与评估

输变电工程施工装备自身具有一定的固态风险；在施工过程中，由于外在条件及组织方式的不同存在着一定的动态风险，两者结合即构成施工危险源（点）。对施工装备危险源（点）进行辨识和安全风险的评估，从而进行有效控制，是安全管理的一项重要工作。

为了对施工装备的危险源（点）进行更好地分析和描述，根据旋挖钻机、挖掘机、抱杆、货运索道，牵张设备、起重机械、高空作业车、真空滤油机等输变电工程主要施工装备工作系统的功能特点，对装备进行了组件划分及编号，并利用 LEC 法对装备的危险源（点）进行了风险值和风险等级的评定。

4.1 旋 挖 钻 机

输变电工程施工作业过程中使用的旋挖钻机一般可分为底盘机构、动力头、桅杆、钻头、发动机系统、液压系统等部分。为了便于标识，将各个部分进行编号，见表 4-1。

表 4-1   旋挖钻机工作系统组件编号表

编号	系统	系统组件		
1	旋挖钻机	1.1 底盘机构	1.2 动力头	1.3 桅杆
		1.4 钻头	1.5 发动机系统	1.6 液压系统

旋挖钻机的危险源（点）及其影响分析，见表 4-2。

表 4-2   旋挖钻机危险源（点）及其影响分析

代码	设备机构（系统）名称	功能	危险源（点）	危险源（点）分析	危险源（点）影响		风险值（D）	风险等级
					局部影响	最终影响		
1.1	底盘机构	实现旋挖钻机的前进、倒退、原地旋转及转弯的动作；使旋转部分相对于非旋转部分转动，使钻杆和钻头到达指定工作位置	回转系统动作缓慢或不动	控制阀磨损或损坏；减速器齿轮轴承损坏	不能准确迅速回转	无法完成指定位置的成孔作业	45	一般风险
			回转系统游隙过大	减速器齿轮轴承损坏	不能回转	无法完成指定位置的成孔作业	45	一般风险
			行走跑偏	两侧履带不平行，张力不一致	向一侧跑偏	行走控制困难	18	稍有风险
				单侧行走液压马达、驱动阀内泄漏	向一侧跑偏	行走控制困难	18	稍有风险
				两侧制动阀压力不一致	向一侧跑偏	行走控制困难	18	稍有风险
			回转异响	回转支承与上机连接螺栓安装不良	连接端面出现间隙，连接件滑移	引起机身二次应力拉大，甚至造成旋挖钻机倾覆	142	显著风险
				转盘轴承装配不良	轴承发热、振动	降低轴承使用寿命	60	一般风险
1.2	动力头	动力头是钻杆和钻头工作的动力源，它驱动钻杆和钻头回转，并能提供钻孔所需的加压力和提升力、旋转力	动力头减速机有响声	减速机摩擦片磨损	动力头故障	旋挖钻机不能正常工作	45	一般风险
				动力头减速机轴或轴承损坏			60	一般风险
				减速机过热			63	一般风险
				润滑油过少			45	一般风险
			动力头高速反转无动作	电磁阀线路短路			45	一般风险
				轴入轴上的密封损坏			60	一般风险
				减速机摩擦片烧结			45	一般风险
1.3	桅杆	用于钻杆和钻头的悬挂支承，并可以控制钻孔角度	桅杆不垂直	水平传感器损坏	—	旋挖钻机不能正常工作	45	一般风险
				桅杆液压锁坏		旋挖钻机不能正常工作	60	一般风险
				桅杆液压油缸损坏或内泄		旋挖钻机不能正常工作	45	一般风险

续表

代码	设备机构（系统）名称	功能	危险源（点）	危险源（点）分析	危险源（点）影响		风险值（D）	风险等级
					局部影响	最终影响		
1.4	钻头	破碎岩土，深入地层	钻头磨损	钻头硬度不够，或长时间使用	钻孔孔径变小	桩体直径不能满足要求	45	一般风险
			钻杆卡死	砂砾进入两层钻杆间隙	钻杆卡死，无法提升	整机无法工作	65	一般风险
			钻头坠落至钻孔内	提升钻杆用钢丝断裂	提升用钢丝绳强度降低	提升用钢丝绳断裂，钻头呈伸开状坠落孔内	63	一般风险
1.5	发动机系统	为旋挖钻机整个系统提供动力	发动机不能启动或启动缓慢	马达的齿牙损坏或弹簧断裂	发动机不能启动	旋挖钻机不能正常工作	63	一般风险
				电磁线圈或起动马达故障			18	稍有风险
				线路松动或腐蚀			63	一般风险
			机油压力偏低	机油滤清器或冷却器堵塞	发动机不能启动	旋挖钻机不能正常工作	45	一般风险
				缸体或缸盖的管塞松动或遗失			18	稍有风险
				机油黏度较低；被稀释或达不到技术规范			65	一般风险
1.6	液压系统	实现机械能与液压能之间的转换以便驱动旋挖钻机各机构工作	液压系统漏油	密封件损坏	液压系统压力不足	旋挖钻机液压系统不能正常工作	65	一般风险
				接头松动	液压系统压力不足		60	一般风险
				管边破裂或焊管接头有砂眼	液压系统压力不足		65	一般风险
			油温过高	散热不良	引起机械的热变形，破坏它原有的精度	油温过高，油液黏度下降，导致泄漏增加；使油液变质，产生氧化物质，堵塞液压元件小孔或缝隙，使元件无法正常工作	65	一般风险
				系统卸载回路动作不良	大量压力油从溢流阀回流到油池		45	一般风险
				泄漏严重	液压泵做无用功造成设备过热，油温升高		60	一般风险
				液压油中进入空气或水分	油温迅速升高，产生振动、噪声	液压工作机构出现振颤、爬行，甚至发生事故	120	显著风险

4.2 挖 掘 机

输变电工程施工作业过程中使用的挖掘机一般分为工作装置（动臂与铲斗）、回转机构、行走机构、回转支承部分、动力装置、传动装置、操作机构等 7 个部分。为了便于标识，将挖掘机各个部分进行编号，见表 4－3。

表 4－3　　　　　　　　挖掘机工作系统组件编号表

编号	系统	系统组件		
1	挖掘机	1.1　工作装置	1.2　回转机构	1.3　行走机构
		1.4　回转支承部分	1.5　动力装置	1.6　传动装置
		1.7　操作机构	－	－

挖掘机的危险源（点）及其影响分析，见表 4－4。

表 4－4　　　　　　　　挖掘机危险源（点）及其影响分析

代码	设备机构（系统）名称	功能	危险源（点）	危险源（点）分析	危险源（点）影响		风险值（D）	风险等级
					局部影响	最终影响		
1.1	工作装置（动臂与铲斗）	用于物料（土壤、泥沙等）挖掘和装卸	动臂工作时抖动并异响	平衡阀故障；动臂变形或润滑不足	动臂不能正常工作	不能完成作业	45	一般风险
			工作装置无动作或动作缓慢	发动机转速过低	－	挖掘机不能正常工作或工作效率低	18	稍有风险
				先导泵溢流阀损坏	先导泵压力异常	挖掘机不能正常工作或工作效率低	18	稍有风险
				主溢流阀损坏或液压油泵故障	主泵输出压力异常	挖掘机不能正常工作或工作效率低	18	稍有风险
1.2	回转机构	回转机构使工作装置及上部转台向左或向右回转，以便进行挖掘和卸料	回转系统动作缓慢或不动	控制阀磨损或损坏；减速器齿轮轴承损坏	不能准确迅速回转	无法完成挖掘和卸料	64	一般风险
			回转系统游隙过大	减速器齿轮轴承损坏	不能回转	无法完成挖掘和卸料	64	一般风险

续表

代码	设备机构（系统）名称	功能	危险源（点）	危险源（点）分析	危险源（点）影响		风险值（D）	风险等级
					局部影响	最终影响		
1.3	行走机构	改变左、右行走马达的回转方向，实现挖掘机的前进、倒退、原地旋转及转弯的动作	行走跑偏	两侧履带不平行，张力不一致	向一侧跑偏	行走控制困难	60	一般风险
				单侧行走液压马达、驱动阀内泄漏	向一侧跑偏	行走控制困难	60	一般风险
				两侧制动阀压力不一致	向一侧跑偏	行走控制困难	60	一般风险
1.4	回转支承部分	支承上车回转部分装置	回转异响	回转支承与上机连接螺栓安装不良	连接端面出现间隙，连接件滑移	引起机身二次应力拉大，甚至造成挖掘机倾覆	120	显著风险
				转盘轴承装配不良	轴承发热、振动	降低轴承使用寿命	60	一般风险
1.5	动力装置	把内燃机的机械能经液压油泵转变为液压能	发动机启动困难或无法启动	启动电路故障，启动开关损坏	发动机无法启动	工作停止	60	一般风险
				喷油器磨损，燃油雾化不好	发动机运转不稳定	工作停止	50	一般风险
				活塞、活塞环和气缸套磨损	发动机无法启动	工作停止	40	一般风险
				发动机曲轴烧瓦	发动机无法启动	工作停止	60	一般风险
				燃油系统中有空气、燃油滤芯堵塞	发动机运转不稳定	工作停止	50	一般风险
				输油泵及油路故障	发动机运转不稳定	工作停止	60	一般风险
				燃油中有杂质	发动机运转不稳定	工作停止	40	一般风险
			工作机构无动作	液压油箱油量不足	液压泵吸油不足或吸入空气	工作停止	40	一般风险
				发动机与液压泵的传动连接损坏	液压泵不工作	工作停止	50	一般风险

代码	设备机构（系统）名称	功能	危险源（点）	危险源（点）分析	危险源（点）影响		风险值（D）	风险等级
					局部影响	最终影响		
1.5	动力装置	把内燃机的机械能经液压油泵转变为液压能	工作机构无动作	主油泵损坏	无油压输出	工作停止	60	一般风险
				伺服操作系统压力低或无压力	操作失效	工作停止	60	一般风险
1.6	传动机构	把内燃机的机械能转变为液压能，液压马达把液压能转化为机械能驱动各工作机构	传动齿轮轮齿折断	工作时磨损严重产生的冲击与振动	—	挖掘机工作时会造成事故	150	显著风险
			齿轮过度磨损	长期使用磨损及安装不正确	承载能力下降，可能导致断齿		120	显著风险
			传动轴键槽损坏	键与槽之间松动有间隙，或使用时间过长使键槽发生塑性变形	不能传递扭矩	挖掘机工作时会造成事故	150	显著风险
			轴承异响	润滑油过脏、缺油或油过多造成润滑不良或散热不良	轴承使用寿命缩短及损坏	造成轴及轴承座的损坏	60	一般风险
			减速器发热、振动、异响	缺少润滑油或润滑油过多；轴承破碎，轴承与壳体间有相对转动；轮齿磨损	润滑效果降低，被润滑件使用寿命降低	造成减速器轴和壳体损坏	60	一般风险
			制动失灵	制动轮和摩擦片上有油污或露天雨雪造成摩擦系数降低	设备运行不能按要求有效停止	挖掘机失控造成事故	150	显著风险
				制动轮或摩擦片有严重磨损造成制动力不足			120	显著风险
			液压系统振动与噪声	液压油泵吸空	空气进入液压系统产生气穴	产生振动、噪声，爬行	40	一般风险

续表

代码	设备机构（系统）名称	功能	危险源（点）	危险源（点）分析	危险源（点）影响		风险值（D）	风险等级
					局部影响	最终影响		
1.6	传动机构	把内燃机的机械能转变为液压能，液压马达把液压能转化为机械能驱动各工作机构	液压系统振动与噪声	油箱油面太低，液压泵吸不上油	产生噪声	产生振动、噪声，爬行	60	一般风险
				液压油泵零件磨损	间隙过大，流量不足，转速过高压力波动	产生振动、噪声，爬行	40	一般风险
				溢流阀动作失灵	溢流阀的不稳定使得压力波动	产生振动与噪声	18	稍有风险
			液压系统油温过高	散热不良	引起机械的热变形，破坏它原有的精度	油温过高，油液黏度下降，导致泄漏增加；使油液变质，产生氧化物质，堵塞液压元件小孔或缝隙，使元件无法正常工作	40	一般风险
				系统卸载回路动作不良	大量压力油从溢流阀回流到油池		40	一般风险
				泄漏严重	液压泵做无用功造成设备过热，油温升高		40	一般风险
				高压油中进入空气或水分	油温迅速升高，产生振动、噪声	液压工作机构出现振颤、爬行，甚至发生事故	40	一般风险
			液压油变质	液压系统装配中残留铁屑、焊渣、毛刺	液压油泵、阀接合面被磨损、阻尼孔及滤油器被堵塞	元件损坏引发各类问题，甚至导致发生事故	100	显著风险
				液压系统中相对运动的部件产生的磨损微粒，造成液压油的变质	液压件接合面被磨损、阻尼孔及滤油器被堵塞	元件损坏引发各类问题，甚至导致发生事故	100	显著风险
				液压油中混入空气、水分	产生气蚀现象、液压冲击、噪声	液压件损坏	50	一般风险

41

续表

代码	设备机构（系统）名称	功能	危险源（点）	危险源（点）分析	危险源（点）影响		风险值（D）	风险等级
					局部影响	最终影响		
1.7	操作机构	通过操纵操作室中相应的控制杆和开关控制阀，从而控制相应的机构	操作手柄失效	手柄与控制阀连接件损坏	无法操作	挖掘机作业过程中发生可能导致伤害事故	140	显著风险

4.3 抱 杆

抱杆工作系统一般由抱杆本体、承托系统、提升系统、起吊系统、拉线系统、摇臂及摇臂控制系统、附件与工具系统、安全防护系统组成。其中抱杆本体包括抱杆身、抱杆帽、抱杆底座；承托系统包括承托绳、平衡滑车、手扳葫芦、塔身承托器；提升系统包括提升滑车组、提升绳（牵引绳）、腰环拉线、牵引设备（绞磨）；起吊系统包括起吊滑车组、腰滑车、转向滑车、牵引设备（绞磨）、起吊绳（牵引绳）、吊点绳、控制绳；拉线系统包括拉线、地锚、地锚杆（套）、拉线调节器；摇臂及摇臂控制系统包括摇臂本体、转向滑车、铰链、起伏滑车组、限位绳；附件与工具系统包括人字抱杆、构件连接螺栓、卸扣、双钩紧线器；安全防护系统包括风速测量器。为了便于标识，将抱杆各个部分进行编号，见表4-5。

表4-5　　　　　　　　　抱杆工作系统组件编号表

编号	系统	系统组件					
1	抱杆本体	1.1	抱杆身	1.2	抱杆帽	1.3	抱杆底座
2	承托系统	2.1	承托绳	2.2	平衡滑车	2.3	手扳葫芦
		2.4	塔身承托器	—		—	
3	提升系统	3.1	提升滑车组	3.2	提升绳（牵引绳）	3.3	腰环拉线
		3.4	牵引设备（绞磨）	—		—	
4	起吊系统	4.1	起吊滑车组	4.2	腰滑车	4.3	转向滑车
		4.4	牵引设备（绞磨）	4.5	起吊绳（牵引绳）	4.6	吊点绳
		4.7	控制绳	—		—	

续表

编号	系统	系统组件		
5	拉线系统	5.1　拉线	5.2　地锚	5.3　地锚杆（套）
		5.4　拉线调节器	—	—
6	摇臂系统	6.1　摇臂本体	6.2　转向滑车	6.3　铰链
		6.4　起伏滑车组	6.5　限位绳	—
7	附件与工具系统	7.1　人字抱杆	7.2　构件连接螺栓	7.3　卸扣
		7.4　双钩紧线器	—	—
8	安全防护系统	8.1　风速测量器	—	—

（1）抱杆本体的危险源（点）及其影响分析，见表4-6。

表4-6　　　　　　　　抱杆本体危险源（点）及其影响分析

代码	设备机构（系统）名称	功能	危险源（点）	危险源（点）分析	危险源（点）影响		风险值（D）	风险等级
					局部影响	最终影响		
1.1	抱杆身	塔件提升支承体	杆体锈蚀	长期露天存放，雨雪侵蚀与酸碱盐等腐蚀性物堆放在一起	—	降低抱杆身的支承强度	40	一般风险
			各节间连接螺栓松动	安装不良或在使用过程中受力不均导致变形	杆体晃动	螺栓断裂或脱落，杆体弯曲	60	一般风险
			杆体焊缝裂纹、脱焊	制造缺陷或非正常受力	降低支承强度	杆体断裂导致事故	120	显著风险
			主材、斜材断裂	材质问题或制造缺陷存放运输中被冲撞、挤压	降低支承强度	杆体断裂导致事故	120	显著风险
			杆体弯曲、扭曲	存放、运输中被冲撞、挤压	降低支承强度	弯曲增大导致事故	120	显著风险
1.2	抱杆帽［含朝天滑车（内悬浮抱杆）、起吊系统悬挂结构、拉线悬挂结构］	塔件提升支承点	朝天滑车转动不灵活	轮轴、轮轴套缺油	转动不灵活	加快轮轴磨损	45	一般风险
				恶劣天气造成锈蚀	加快磨损	导向轮损坏造成事故	140	显著风险
			朝天滑车轮槽磨损	导向轮使用时间过长	钢丝绳不稳定	轮槽损坏钢丝绳跳绳	40	一般风险
				轮与钢丝绳规格不匹配	加快磨损	轮槽损坏钢丝绳跳绳	40	一般风险

续表

代码	设备机构（系统）名称	功能	危险源（点）	危险源（点）分析	危险源（点）影响		风险值（D）	风险等级
					局部影响	最终影响		
1.2	抱杆帽［含朝天滑车（内悬浮抱杆）、起吊系统悬挂结构、拉线悬挂结构］	塔件提升支承点	起吊或拉线悬挂结构出现裂纹、开焊、锈蚀、变形、损坏	长期露天存放，雨雪侵蚀与酸碱盐等腐蚀性物堆放在一起，或经常受力过大	悬挂结构变形、损坏	悬挂强度降低	50	一般风险
1.3	抱杆底座	固定支承抱杆	底座锈蚀	长期露天存放，雨雪侵蚀与酸碱盐等腐蚀性物堆放在一起	挂孔孔眼变大、变形、锈蚀、损坏	降低支承强度	40	一般风险

（2）承托系统的危险源（点）及其影响分析，见表 4-7。

表 4-7 承托系统危险源（点）及其影响分析

代码	设备机构（系统）名称	功能	危险源（点）	危险源（点）分析	危险源（点）影响		风险值（D）	风险等级
					局部影响	最终影响		
2.1	承托绳	承托抱杆的下压力	有锈蚀或磨损	日常维护保养不到位	钢丝绳强度下降	钢丝绳断裂，抱杆倾斜或倒塌	45	一般风险
			绳芯损坏或绳股挤出、断裂	维护保养不到位、搬运或安装时被硬物磨损	钢丝绳断裂	钢丝绳断裂，抱杆倾斜或倒塌	140	显著风险
			笼状畸形、严重扭结或弯折	维护保养不到位、搬运或安装时被硬物磨损	钢丝绳断裂	钢丝绳断裂，抱杆倾斜或倒塌	120	显著风险
			压扁严重，断面缩小	维护保养不到位、搬运或安装时被硬物磨损	钢丝绳断裂	钢丝绳断裂，抱杆倾斜或倒塌	140	显著风险
2.2	承托悬挂结构	提供承托点	悬挂结构锈蚀	长期露天存放，雨雪侵蚀与酸碱盐等腐蚀性物堆放在一起	承托孔眼变大、变形、锈蚀、损坏	降低承托强度	40	一般风险
2.3	提升悬挂结构	提供抱杆提升挂点	悬挂结构锈蚀、磨损	露天存放、钢丝绳提升过程中进行磨损	提升孔变薄、变形、锈蚀或损坏	无法达到提升效果	18	稍有风险

续表

代码	设备机构（系统）名称	功能	危险源（点）	危险源（点）分析	危险源（点）影响		风险值（D）	风险等级
					局部影响	最终影响		
2.4	平衡滑车	保证抱杆在起吊过程中承托绳受力均匀	转动部位转动不灵活	恶劣环境下锈蚀或润滑不足	轮轴磨损	轮轴过度磨损损坏，或轮轴锈死	60	一般风险
			滑轮槽面磨损	滑轮使用时间过长	钢丝绳不稳定	严重磨损	50	一般风险
				轮槽与钢丝绳规格不匹配	加快磨损	严重磨损	60	一般风险
			轮轴、轮轴套磨损	锈蚀或润滑不足	转动不灵活	轮轴过度磨损损坏	40	一般风险
2.5	双钩紧线器	调整承托绳长度，使其受力均匀	部件锈蚀	润滑不足，存放地点潮湿或有腐蚀物	使用不灵活，费力	磨损过度损坏	45	一般风险
			部件裂纹	使用、运输、存放中受外力碰撞、压砸	拉紧能力下降	部件破裂起吊事故	140	显著风险
			丝扣扭曲变形	使用、运输、存放中受外力碰撞、压砸	出现卡死现象	无法调整	45	一般风险
2.6	塔身承托器	承托绳与塔体间的连接装置	有锈蚀或磨损	日常维护保养不到位	加快钢丝绳的磨损	钢丝绳或绳环断裂造成事故	120	显著风险

（3）提升系统的危险源（点）及其影响分析，见表 4-8。

表 4-8　　　　　提升系统危险源（点）及其影响分析

代码	设备机构（系统）名称	功能	危险源（点）	危险源（点）分析	危险源（点）影响		风险值（D）	风险等级
					局部影响	最终影响		
3.1	提升滑车组	在提升抱杆的过程中起省力的作用	转动部位转动不灵活	恶劣环境下锈蚀或润滑不足	轮轴磨损	轮轴过度磨损损坏，或轮轴锈死磨损钢丝绳	120	显著风险
			紧固螺栓松动	长期使用自然磨损或受外力松动	各部件间隙加大，造成零件轴向窜动	紧固螺栓脱落，造成事故	40	一般风险

代码	设备机构（系统）名称	功能	危险源（点）	危险源（点）分析	危险源（点）影响		风险值（D）	风险等级
					局部影响	最终影响		
3.1	提升滑车组	在提升抱杆的过程中起省力的作用	滑轮槽面磨损	滑轮使用时间过长	钢丝绳不稳定	轮槽损坏钢丝绳跳绳	60	一般风险
				轮槽与钢丝绳规格不匹配	加快磨损	轮槽损坏钢丝绳跳绳	50	一般风险
			滑轮轮缘部分损伤	存放、运输、使用中受重物冲撞或选用钢丝绳不匹配	形成缺口钢丝绳跳绳	滑轮损坏造成事故	140	显著风险
			轮轴、轮轴套磨损	恶劣环境下锈蚀或润滑不足	转动不灵活	轮轴过度磨损损坏	45	一般风险
3.2	提升绳（牵引绳）	提升抱杆	有锈蚀或磨损	日常维护保养不到位	钢丝绳强度下降	钢丝绳断裂造成事故	140	显著风险
			绳芯损坏或绳股挤出、断裂	维护保养不到位、搬运或安装时被硬物磨损	钢丝断裂	钢丝绳断裂造成事故	120	显著风险
			笼状畸形、严重扭结或弯折	维护保养不到位、搬运或安装时被硬物磨损	钢丝断裂	钢丝绳断裂造成事故	120	显著风险
			压扁严重，断面缩小	维护保养不到位、搬运或安装时被重物冲撞	钢丝绳承载能力下降	钢丝绳断裂造成事故	100	显著风险
3.3	腰环拉线（含腰环、双钩紧线器、钢丝绳套）	提升抱杆时稳定抱杆	有锈蚀或磨损	日常维护保养不到位	钢丝绳强度下降	钢丝绳断裂、抱杆倾斜或倒塌	100	显著风险
			绳芯损坏或绳股挤出、断裂	维护保养不到位、搬运或安装时被硬物磨损	钢丝断裂	钢丝绳断裂，抱杆倾斜或倒塌	120	显著风险
			笼状畸形、严重扭结或弯折	维护保养不到位、搬运或安装时被硬物磨损	钢丝断裂	钢丝绳断裂，抱杆倾斜或倒塌	120	显著风险
			压扁严重，断面缩小	维护保养不到位、搬运或安装时被硬物磨损	钢丝断裂	钢丝绳断裂，抱杆倾斜或倒塌	120	显著风险
			双钩紧线器部件锈蚀、裂纹、变形	润滑不足，存放地点潮湿或有腐蚀物，或使用、运输、存放中受外力碰撞、压砸	使用不灵活、费力、拉紧能力下降、出现卡死现象	磨损过度损坏、部件破裂起吊事故、无法调整	60	一般风险

续表

代码	设备机构（系统）名称	功能	危险源（点）	危险源（点）分析	危险源（点）影响		风险值（D）	风险等级
					局部影响	最终影响		
3.4	牵引设备（绞磨）	用卷筒缠绕钢丝绳，提供动力以提升或牵引重物	传动带破损	传动丢转	传动丢转	传动骤停	60	一般风险
			轴承过热	加速机件磨损	加速机件磨损	轴承损坏	40	一般风险
				加速轴承磨损	加速轴承磨损	轴承损坏	40	一般风险
			卷扬机制动器失灵	无法制动	无法制动	造成起重事故	120	显著风险
				制动打滑	制动打滑	造成起重事故	140	显著风险

（4）起吊系统的危险源（点）及其影响分析，见表 4-9。

表 4-9 起吊系统危险源（点）及其影响分析

代码	设备机构（系统）名称	功能	危险源（点）	危险源（点）分析	危险源（点）影响		风险值（D）	风险等级
					局部影响	最终影响		
4.1	起吊滑车组（内拉线抱杆设朝天滑车）	滑车组在起重作业中起承重和省力的作用	轮槽、轮轴、拉板、吊钩等部有裂缝、损伤	使用中过载或在存放、运输中被重物冲撞	降低载荷能力	破裂造成事故	120	显著风险
			转动部位转动不灵活	恶劣环境下锈蚀或润滑不足	轮轴磨损	轮轴过度磨损损坏，或轮轴锈死磨损钢丝绳	40	一般风险
			紧固螺栓松动	长期使用自然磨损或受外力松动	各部件间隙加大，造成零件轴向窜动	紧固螺栓脱落，造成事故	100	显著风险
			滑轮槽面磨损过深	使用频率高或选用钢丝绳不匹配	钢丝绳不稳定、加快磨损	轮槽损坏钢丝绳跳绳	60	一般风险
			滑轮轮缘部分损伤	存放、运输、使用中受重物冲撞或选用钢丝绳不匹配	形成缺口钢丝绳跳绳	导向轮损坏造成事故	140	显著风险
			轮轴、轮轴套磨损	恶劣环境下锈蚀或润滑不足	转动不灵活	轮轴过度磨损损坏	50	一般风险

47

续表

代码	设备机构（系统）名称	功能	危险源（点）	危险源（点）分析	危险源（点）影响		风险值（D）	风险等级
					局部影响	最终影响		
4.2	腰滑车	使牵引钢丝绳从塔内规定方向引至转向滑车，并使牵引钢绳在抱杆两侧保持平衡，尽量减少由于牵引钢丝绳在抱杆两侧的夹角不同而产生的水平力	轮槽、轮轴、拉板、吊钩等部有裂缝、损伤	使用中过载或在存放、运输中被重物冲撞	降低载荷能力	破裂造成事故	120	显著风险
			转动部位转动不灵活	恶劣环境下锈蚀或润滑不足	轮轴磨损	轮轴过度磨损损坏，或轮轴锈死磨损钢丝绳	60	一般风险
			紧固螺栓松动	长期使用自然磨损或受外力松动	各部件间隙加大，造成零件轴向窜动	紧固螺栓脱落，造成事故	50	一般风险
			滑轮槽面磨损过深	使用频率高或选用钢丝绳不匹配	钢丝绳不稳定、加快磨损	轮槽损坏钢丝绳跳绳	40	一般风险
			滑轮轮缘部分损伤	存放、运输、使用中受重物冲撞或选用钢丝绳不匹配	形成缺口钢丝绳跳绳	导向轮损坏造成事故	120	显著风险
			轮轴、轮轴套磨损	恶劣环境下锈蚀	转动不灵活	轮轴过度磨损损坏	60	一般风险
4.3	转向滑轮	在起吊过程中控制钢丝绳的走向	轮槽、轮轴、拉板、吊钩等部有裂缝、损伤	使用中过载或存放、运输中被重物冲撞	降低载荷能力	破裂造成事故	140	显著风险
			转动部位转动不灵活	恶劣环境下锈蚀或润滑不足	轮轴磨损	轮轴过度磨损损坏，或轮轴锈死磨损钢丝绳	40	一般风险
			紧固螺栓松动	长期使用自然磨损或受外力松动	各部件间隙加大，造成零件轴向窜动	紧固螺栓脱落，造成事故	140	显著风险
			滑轮槽面磨损过深	使用频率高或选用钢丝绳不匹配	钢丝绳不稳定、加快磨损	轮槽损坏钢丝绳跳绳	40	一般风险
			滑轮轮缘部分损伤	存放、运输、使用中受重物冲撞或选用钢丝绳不匹配	形成缺口钢丝绳跳绳	导向轮损坏造成事故	120	显著风险
			轮轴、轮轴套磨损	恶劣环境下锈蚀或润滑不足	转动不灵活	轮轴过度磨损损坏	50	一般风险

续表

代码	设备机构（系统）名称	功能	危险源（点）	危险源（点）分析	危险源（点）影响		风险值（D）	风险等级
					局部影响	最终影响		
4.4	牵引设备（绞磨）	用卷筒缠绕钢丝绳，提供动力以提升或牵引重物	钢丝绳重叠和斜绕	钢丝绳抖动跳绳	钢丝绳抖动跳绳	起吊钢丝绳骤然受冲击力断裂	60	一般风险
			钢丝绳打结、扭绕	钢丝绳不稳	钢丝绳不稳	起吊钢丝绳骤然受冲击力断裂	50	一般风险
			传动带破损	传动丢转	传动丢转	传动骤停	40	一般风险
			轴承过热	加速机件磨损	加速机件磨损	轴承损坏	50	一般风险
				加速轴承磨损	加速轴承磨损	轴承损坏	60	一般风险
			卷扬机制动器失灵	无法制动	无法制动	造成起重事故	120	显著风险
				制动打滑	制动打滑	造成起重事故	140	显著风险
4.5	起吊绳（牵引绳）	起吊塔件	有锈蚀或磨损	日常维护保养不到位	钢丝绳强度下降	钢丝绳断裂报废	40	一般风险
			绳芯损坏或绳股挤出、断裂	维护保养不到位、搬运或安装时被硬件磨损、起吊塔件过重	钢丝断裂	钢丝绳断裂报废、起吊塔件掉落	100	显著风险
			笼状畸形、严重扭结或弯折	维护保养不到位、搬运或安装时被硬件磨损、起吊塔件过重	钢丝断裂	钢丝绳断裂报废、起吊塔件掉落	140	显著风险
			压扁严重，断面缩小	维护保养不到位、搬运或安装时被硬件磨损	钢丝断裂	钢丝绳断裂报废、起吊塔件掉落	120	显著风险
4.6	吊点绳	塔件与起吊绳间的连接绳	有锈蚀或磨损	日常维护保养不到位	钢丝绳强度下降	钢丝绳断裂报废	40	一般风险
			绳芯损坏或绳股挤出、断裂	维护保养不到位、搬运或安装时被硬件磨损、起吊塔件过重	钢丝断裂	钢丝绳断裂报废、起吊塔件掉落	100	显著风险
			笼状畸形、严重扭结或弯折	维护保养不到位、搬运或安装时被硬件磨损、起吊塔件过重	钢丝断裂	钢丝绳断裂报废、起吊塔件掉落	140	显著风险

续表

代码	设备机构（系统）名称	功能	危险源（点）	危险源（点）分析	危险源（点）影响 局部影响	危险源（点）影响 最终影响	风险值（D）	风险等级
4.6	吊点绳	塔件与起吊绳间的连接绳	压扁严重，断面缩小	维护保养不到位、搬运或安装时被硬件磨损	钢丝绳断裂	钢丝绳断裂报废、起吊塔件掉落	140	显著风险
4.7	控制绳	防止起吊塔件碰撞组塔体	有锈蚀或磨损	日常维护保养不到位	钢丝绳强度下降	钢丝绳断裂、起吊塔件不稳撞击组塔	140	显著风险
			绳芯损坏或绳股挤出、断裂	维护保养不到位、搬运或安装时被硬物磨损	钢丝绳断裂	起吊塔件不稳撞击组塔	40	一般风险
			笼状畸形、严重扭结或弯折	维护保养不到位、搬运或安装时被硬物磨损	钢丝绳断裂	起吊塔件不稳撞击组塔	50	一般风险
			压扁严重，断面缩小	维护保养不到位、搬运或安装时被硬物磨损	钢丝绳断裂	起吊塔件不稳撞击组塔	60	一般风险

（5）拉线系统的危险源（点）及其影响分析，见表4-10。

表4-10　　　　　　　　拉线系统危险源（点）及其影响分析

代码	设备机构（系统）名称	功能	危险源（点）	危险源（点）分析	危险源（点）影响 局部影响	危险源（点）影响 最终影响	风险值（D）	风险等级
5.1	拉线	固定与稳定抱杆	有锈蚀或磨损	日常维护保养不到位	钢丝绳强度下降	钢丝绳断裂、抱杆倾斜或倒塌	140	显著风险
			绳芯损坏或绳股挤出、断裂	维护保养不到位、搬运时被硬件磨损	钢丝断裂	钢丝绳断裂、抱杆倾斜或倒塌	140	显著风险
			笼状畸形、严重扭结或弯折	维护保养不到位、搬运或安装时被硬件磨损、错误的提升抱杆	钢丝断裂	钢丝绳断裂、抱杆倾斜或倒塌	120	显著风险
			压扁严重，断面缩小	维护保养不到位、搬运或安装时被硬件磨损、错误的提升抱杆	钢丝断裂	钢丝绳断裂、抱杆倾斜或倒塌	140	显著风险

续表

代码	设备机构（系统）名称	功能	危险源（点）	危险源（点）分析	危险源（点）影响		风险值（D）	风险等级
					局部影响	最终影响		
5.2	地锚本体	起重作业中用来固定控制绳、拉线、牵引设备、转向滑轮等	裂纹损伤	在埋设、存放、运输中受外力撞击	承载能力下降	地锚断裂，抱杆倾斜、倾倒	120	显著风险
5.3	地锚杆（套）	连接钢丝绳用	裂纹、锈蚀等缺陷	长期露天存放，雨雪侵蚀与酸碱盐等腐蚀性物堆放在一起	承载能力下降	地锚杆（套）断裂，抱杆倾斜或倾倒	120	显著风险
5.4	拉线调节器	调节拉线松紧程度，使四组拉线松紧基本一致	变形损伤	在使用、存放、运输中受外力撞击	调整范围受限	螺杆卡死不能使用	40	一般风险

（6）摇臂系统的危险源（点）及其影响分析，见表 4-11。

表 4-11　　　　　　　　　　摇臂系统危险源（点）及其影响分析

代码	设备机构（系统）名称	功能	危险源（点）	危险源（点）分析	危险源（点）影响		风险值（D）	风险等级
					局部影响	最终影响		
6.1	摇臂本体	起吊塔件的支承体	摇臂本体锈蚀	长期露天存放，雨雪侵蚀与酸碱盐等腐蚀性物堆放在一起	摇臂本体支承强度下降	摇臂断裂导致事故	120	显著风险
			主材或斜材弯曲、断裂	材质问题或制造缺陷存放运输中被冲撞、挤压	降低支承强度	摇臂断裂导致事故	40	一般风险
6.2	转向轮	在起吊过程中控制钢丝绳的走向	轮槽、轮轴、拉板、吊钩等部位有裂缝、损伤	使用中过载或在存放、运输中被重物冲撞	降低载荷能力	破裂造成事故	140	显著风险
			转动部位转动不灵活	恶劣环境下锈蚀或润滑不足	轮轴磨损	轮轴过度磨损损坏，或轮轴锈死磨损钢丝绳	120	显著风险

代码	设备机构（系统）名称	功能	危险源（点）	危险源（点）分析	危险源（点）影响		风险值（D）	风险等级
					局部影响	最终影响		
6.2	转向轮	在起吊过程中控制钢丝绳的走向	紧固螺栓松动	长期使用自然磨损或受外力松动	各部件间隙加大,造成零件轴向窜动	紧固螺栓脱落,造成事故	120	显著风险
			滑轮槽面磨损过深	使用频率高或选用钢丝绳不匹配	钢丝绳不稳定、加快磨损	轮槽损坏钢丝绳跳绳	40	一般风险
			滑轮轮缘部分损伤	存放、运输、使用中受重物冲撞或选用钢丝绳不匹配	形成缺口钢丝绳跳绳	导向轮损坏造成事故	140	显著风险
			轮轴、轮轴套磨损	恶劣环境下锈蚀或润滑不足	转动不灵活	轮轴过度磨损损坏	50	一般风险
6.3	铰链	摇臂与抱杆的连接部件	缺油磨损	日常维护保养不到位	铰链灵活性降低	摇臂与抱杆间的连接松动	60	一般风险
6.4	起伏滑车组	参与摇臂变幅	轮槽、轮轴、拉板、吊钩等部有裂缝、损伤	使用中过载或在存放、运输中被重物冲撞	降低载荷能力	破裂造成事故	100	显著风险
			转动部位转动不灵活	恶劣环境下锈蚀或润滑不足	轮轴磨损	轮轴过度磨损损坏,或轮轴锈死磨损钢丝绳	40	一般风险
			紧固螺栓松动	长期使用自然磨损或受外力松动	各部件间隙加大,造成零件轴向窜动	紧固螺栓脱落,造成事故	90	显著风险
			滑轮槽面磨损过深	使用频率高或选用钢丝绳不匹配	钢丝绳不稳定、加快磨损	轮槽损坏钢丝绳跳绳	40	一般风险
			滑轮轮缘部分损伤	存放、运输、使用中受重物冲撞或选用钢丝绳不匹配	形成缺口钢丝绳跳绳	导向轮损坏造成事故	90	显著风险
			轮轴、轮轴套磨损	恶劣环境下锈蚀或润滑不足	转动不灵活	轮轴过度磨损损坏	45	一般风险

续表

代码	设备机构（系统）名称	功能	危险源（点）	危险源（点）分析	危险源（点）影响		风险值（D）	风险等级
					局部影响	最终影响		
6.5	限位绳	控制吊臂只下降到水平位置	有锈蚀或磨损	日常维护保养不到位	钢丝绳强度下降	钢丝绳断裂、抱杆倾斜或倒塌	120	显著风险
			绳芯损坏或绳股挤出、断裂	维护保养不到位、搬运时被硬件磨损	钢丝绳断裂	钢丝绳断裂，抱杆倾斜或倒塌	90	显著风险
			笼状畸形、严重扭结或弯折	维护保养不到位、搬运或安装时被硬件磨损、错误的提升抱杆	钢丝绳断裂	钢丝绳断裂，抱杆倾斜或倒塌	120	显著风险
			压扁严重，断面缩小	维护保养不到位、搬运或安装时被硬件磨损、错误的提升抱杆	钢丝绳断裂	钢丝绳断裂，抱杆倾斜或倒塌	120	显著风险

（7）附件与工具系统的危险源（点）及其影响分析，见表 4-12。

表 4-12　　　　　　附件与工具系统危险源（点）及其影响分析

代码	设备机构（系统）名称	功能	危险源（点）	危险源（点）分析	危险源（点）影响		风险值（D）	风险等级
					局部影响	最终影响		
7.1	人字抱杆	辅助组立大型抱杆	杆体锈蚀	长期露天存放，雨雪侵蚀与酸碱盐等腐蚀性物堆放在一起	—	抱杆身的支承强度降低造成事故	110	显著风险
7.2	构件连接螺栓	连接部件	螺纹损伤或螺杆弯曲	存放、使用、运输中受外力冲撞挤压	无法使用	无法使用	40	一般风险
7.3	卸扣	索具连接	扣体变形	材质或制造不良	牵拉能力低	卸扣损坏造成事故	90	显著风险
				超载	—	卸扣损坏造成事故	120	显著风险
				使用中受横向力	牵拉能力降低	卸扣报废，造成事故	80	显著风险
			扣体和插销磨损	过度使用或在使用、存放、运输中受巨大外力撞击	降低牵拉能力	卸扣损坏造成事故	140	显著风险

续表

代码	设备机构（系统）名称	功能	危险源（点）	危险源（点）分析	危险源（点）影响		风险值（D）	风险等级
					局部影响	最终影响		
7.4	双钩紧线器或手扳葫芦	索具连接	变形损伤	在使用、存放、运输中受外力撞击	调整范围受限	螺杆（或链条）卡死不能使用	45	一般风险

（8）安全防护系统的危险源（点）及其影响分析，见表 4-13。

表 4-13　　　　　安全防护系统危险源（点）及其影响分析

代码	设备机构（系统）名称	功能	危险源（点）	危险源（点）分析	危险源（点）影响		风险值（D）	风险等级
					局部影响	最终影响		
8.1	风速测量仪	大型铁塔组立时，测定施工现场风向、风速，确保安全施工	仪器内电源电压检测线路损坏	人员误操作	测量数据不准确	影响现场施工人员对风速的判断	45	一般风险

4.4　货　运　索　道

货运索道工作系统由工作索系统、支架系统、货车系统、驱动系统、拉线系统、附件与工具系统 6 部分组成。其中工作索系统包括承载索、返空索、牵引索；支架系统包括支架、托索轮、鞍座、拉线；货车系统包括夹索器、起重葫芦、行走式滑车；驱动系统为绞磨；拉线系统包括地锚、双钩紧线器；附件与工具系统包括手拉葫芦、拉力表、抱杆、卸扣、紧线器。为了便于标识，将各个系统进行编号，见表 4-14。

表 4-14　　　　　货运索道工作系统组件编号表

编号	系统	系统组件		
1	工作索系统	1.1　承载索	1.2　返空索	1.3　牵引索
2	支架系统	2.1　支架	2.2　托索轮板	2.3　鞍座
		2.4　拉线	—	—
3	货车系统	3.1　抱索器	3.2　起重葫芦	3.3　行走式滑车
4	驱动系统	4.1　索道牵引机	—	—

续表

编号	系统	系统组件		
5	拉线系统	5.1 地锚	5.2 双钩紧线器	—
6	附件与工具系统	6.1 起吊装置	6.2 拉力表	6.3 抱杆
		6.4 卸扣	6.5 紧线器	6.6 高速转向滑车
		6.7 地锚拉杆		

（1）工作索系统的危险源（点）及其影响分析，见表 4–15。

表 4–15　　　　　　　工作索系统危险源（点）及其影响分析

代码	设备机构（系统）名称	功能	危险源（点）	危险源（点）分析	危险源（点）影响		风险值（D）	风险等级
					局部影响	最终影响		
1.1	承载索	运输物件的轨道，并承受其荷载的绳索	有断丝	超过 3 根容易断裂	钢丝断裂	钢丝绳断裂	40	一般风险
			有锈蚀或磨损	日常维护保养不到位	钢丝绳强度下降	钢丝绳断裂	100	显著风险
			绳芯损坏或绳股挤出、断裂	搬运、安装、工作时被挤压磨损	钢丝断裂	跳绳或运输物料坠落造成事故	90	显著风险
			笼状畸形、严重扭结或弯折	搬运、安装、工作时被挤压磨损	钢丝绳强度下降	跳绳或运输物料坠落造成事故	80	显著风险
			压扁严重，断面缩小	搬运、安装、工作时被挤压磨损	钢丝绳强度下降	跳绳或运输物料坠落造成事故	120	显著风险
1.2	返空索	运输车辆空车运行轨道	有断丝	超过 3 根容易断裂	钢丝断裂	钢丝绳断裂	50	一般风险
			有锈蚀或磨损	日常维护保养不到位	钢丝绳强度下降	钢丝绳断裂	40	一般风险
			绳芯损坏或绳股挤出、断裂	搬运、安装、工作时被挤压磨损	钢丝断裂	跳绳造成事故	50	一般风险
			笼状畸形、严重扭结或弯折	搬运、安装、工作时被挤压磨损	钢丝绳强度下降	跳绳造成事故	60	一般风险
			压扁严重，断面缩小	搬运、安装、工作时被挤压磨损	钢丝绳强度下降	跳绳造成事故	60	一般风险

续表

代码	设备机构（系统）名称	功能	危险源（点）	危险源（点）分析	危险源（点）影响		风险值（D）	风险等级
					局部影响	最终影响		
1.3	牵引索	牵引运输物件的绳索	有断丝	超过3根容易断裂	钢丝断裂	钢丝绳断裂	40	一般风险
			有锈蚀或磨损	日常维护保养不到位	钢丝绳强度下降	钢丝绳断裂	40	一般风险
			绳芯损坏或绳股挤出、断裂	搬运、安装、工作时被挤压磨损	钢丝断裂	跳绳或运输物料坠落造成事故	90	显著风险
			笼状畸形、严重扭结或弯折	搬运、安装、工作时被挤压磨损	钢丝绳强度下降	跳绳或运输物料坠落造成事故	120	显著风险
			压扁严重，断面缩小	搬运、安装、工作时被挤压磨损	钢丝绳强度下降	跳绳或运输物料坠落造成事故	90	显著风险

（2）支架系统的危险源（点）及其影响分析，见表4-16。

表4-16　　　　　　　支架系统危险源（点）及其影响分析

代码	设备机构（系统）名称	功能	危险源（点）	危险源（点）分析	危险源（点）影响		风险值（D）	风险等级
					局部影响	最终影响		
2.1	支架	支持承载索和牵引索的构架	锈蚀损伤	长期露天存放，风雨侵蚀或与酸碱盐等腐蚀性物堆放在一起	降低支腿机械强度	支腿严重锈蚀报废	40	一般风险
			焊缝裂纹、开焊，损伤	在架设、存放、运输中受外力撞击	降低支架机械强度及稳定性	支架倒塌	90	显著风险
			各节间连接螺栓松动	安装不良	支架不稳定	支架弯曲倒塌	80	显著风险
2.2	托索轮板	将承载绳索固定在支架上并支承牵引绳索	轮槽、轮轴、拉板等部有裂缝、损伤	使用中过载或在存放、运输中被重物冲撞	降低载荷能力	破裂造成事故	90	显著风险
			转动部位转动不灵活	恶劣环境下锈蚀或润滑不足	轮轴磨损	轮轴过度磨损损坏，或轮轴锈死磨损钢丝绳	50	一般风险

续表

代码	设备机构（系统）名称	功能	危险源（点）	危险源（点）分析	危险源（点）影响		风险值（D）	风险等级
					局部影响	最终影响		
2.2	托索轮板	将承载绳索固定在支架上并支承牵引绳索	紧固螺栓松动	长期使用自然磨损或受外力松动	各部件间隙加大，造成零件轴向窜动	紧固螺栓脱落，造成事故	120	显著风险
			滑轮轮缘部分损伤	存放、运输、使用中受重物冲撞	形成缺口引发钢丝绳跳绳	滑轮损坏造成事故	90	显著风险
			轮轴、轮轴套磨损	恶劣环境下锈蚀或润滑不足	转动不灵活	轮轴过度磨损损坏	60	一般风险
2.3	鞍座	用来支承承载索、返空索、牵引索	未牢固安装	安装不良	与支架脱离	造成承载索脱落	40	一般风险
			与托索轮板有一定角度	安装不良	不能正常工作	造成承载索脱落	45	一般风险
			本体变形	使用中受重物冲撞	鞍座槽与下滚轮槽不垂直平行	承载索、返空索、牵引索跳绳	45	一般风险
			鞍座、滚轮槽缘过度磨损	锈蚀转动不灵活，使用过于频繁	钢丝绳不稳	承载索、返空索、牵引索跳绳	50	一般风险
			连接轴过度磨损	使用频次过高、锈蚀，润滑不良	鞍座变形、槽与下滚轮槽不垂直平行	承载索、返空索、牵引索跳绳	60	一般风险
2.4	拉线	固定稳定支架	紧线器裂纹变形	在架设、存放、运输中受外力撞击	机械强度降低	紧线器断裂，拉线失效，支架晃动	40	一般风险
			地锚设置缺陷	（1）使用卧式地锚时，地锚套引出方向未开挖马道，或马道与受力方向不一致；（2）利用树木或外露岩石作牵引或制动等主要受力锚桩；（3）一根锚桩上的临时拉线超过 2 根	拉线不稳	锚桩脱落，支架晃动	45	一般风险

续表

代码	设备机构（系统）名称	功能	危险源（点）	危险源（点）分析	危险源（点）影响		风险值（D）	风险等级
					局部影响	最终影响		
2.4	拉线	固定稳定支架	拉线钢丝绳损伤	锈蚀，受力挤压撞击，高温烧灼	机械强度降低	拉线钢丝绳断裂，支架晃动	50	一般风险

（3）货车系统的危险源（点）及其影响分析，见表4-17。

表4-17 货车系统危险源（点）及其影响分析

代码	设备机构（系统）名称	功能	危险源（点）	危险源（点）分析	危险源（点）影响		风险值（D）	风险等级
					局部影响	最终影响		
3.1	抱索器	将运货小车固定在牵引绳上	倒角不够圆润	加工不良	磨损牵引索	牵引绳磨损强度降低、断裂	45	一般风险
			螺栓松动	长期使用自然磨损或受外力松动	夹索器打滑，影响物料运输	运货小车及货物掉落造成事故	90	显著风险
			绳槽磨损	使用时间过长或与选用的绳索不匹配	夹索器打滑，影响物料运输	牵引绳磨损强度降低	50	一般风险
3.2	起重葫芦	进行提升、牵引、下降、校准等作业的起重工具	部件锈蚀	润滑不足，存放地点潮湿或有腐蚀物	使用不灵活，费力	磨损过度损坏	60	一般风险
			制动器打滑	制动器的摩擦面进油或水	葫芦打滑	滑链事故	45	一般风险
			部件裂纹	使用、运输、存放中受外力碰撞、压砸	拉紧能力下降	部件破裂起吊事故	120	显著风险
			链条扭曲变形	使用、运输、存放中受外力碰撞、压砸	出现卡死现象	链条断裂事故	40	一般风险
3.3	行走式滑车	在索道上承载运输重物	轮槽、轮轴、拉板、吊钩等部有裂缝、损伤	使用中过载或在存放、运输中被重物冲撞	降低载荷能力	破裂造成事故	140	显著风险
			转动部位转动不灵活	恶劣环境下锈蚀或润滑不足	轮轴磨损	轮轴过度磨损损坏，或轮轴锈死磨损钢丝绳	50	一般风险

续表

代码	设备机构（系统）名称	功能	危险源（点）	危险源（点）分析	危险源（点）影响		风险值（D）	风险等级
					局部影响	最终影响		
3.3	行走式滑车	在索道上承载运输重物	紧固螺栓松动	长期使用自然磨损或受外力松动	各部件间隙加大，造成零件轴向窜动	紧固螺栓脱落，造成事故	100	显著风险
			滑轮槽面磨损	滑轮使用时间过长	钢丝绳不稳定	行走式滑车脱落造成事故	120	显著风险
				轮槽与钢丝绳规格不匹配	加快磨损	行走式滑车脱落造成事故	100	显著风险
			滑轮轮缘部分损伤	存放、运输、使用中受重物冲撞或选用钢丝绳不匹配	形成缺口钢丝绳跳绳	滑轮损坏造成事故	45	一般风险
			轮轴、轮轴套磨损	恶劣环境下锈蚀或润滑不足	转动不灵活	轮轴过度磨损损坏	45	一般风险
			滚轴漏油	油封装置	漏油导致小车滚轴转动不良好	滚轴不转动	45	一般风险

（4）驱动系统的危险源（点）及其影响分析，见表 4-18。

表 4-18　　　　　　　驱动系统危险源（点）及其影响分析

代码	设备机构（系统）名称	功能	危险源（点）	危险源（点）分析	危险源（点）影响		风险值（D）	风险等级
					局部影响	最终影响		
4.1	索道牵引机	用卷筒缠绕钢丝绳或链条以牵引钢丝绳带动运载小车	钢丝绳重叠和斜绕	钢丝绳抖动跳绳	钢丝绳抖动跳绳	牵引绳骤然受冲击力断裂	40	一般风险
			钢丝绳打结、扭绕	操作不当	钢丝绳不稳	牵引绳骤然受冲击力断裂	50	一般风险
			传动带破损	使用时间过长、选用皮带型号不符	传动丢转	传动骤停	50	一般风险
			轴承过热	轴承老化、润滑油过脏	加速机件磨损	轴承损坏	60	一般风险

输变电工程施工装备安全防护手册

续表

代码	设备机构（系统）名称	功能	危险源（点）	危险源（点）分析	危险源（点）影响		风险值（D）	风险等级
					局部影响	最终影响		
4.1	索道牵引机	用卷筒缠绕钢丝绳或链条以牵引钢丝绳带动运载小车	轴承过热	轴承老化、润滑油过脏	加速轴承磨损	轴承损坏	60	一般风险
			卷扬机制动器失灵	制动片过度磨损	无法制动	造成起重事故	120	显著风险
				进水	制动打滑	造成起重事故	140	显著风险
			与货物装载处于一条直线	货物若滑落及会伤及索道牵引机的操作人员	撞击操作人员	造成操作人员伤害	90	显著风险

（5）拉线系统的危险源（点）及其影响分析，见表4-19。

表4-19 拉线系统危险源（点）及其影响分析

代码	设备机构（系统）名称	功能	危险源（点）	危险源（点）分析	危险源（点）影响		风险值（D）	风险等级
					局部影响	最终影响		
5.1	地锚	货运索道作业中用来固定承载索、返空索、导向滑轮、支架等	地锚设置缺陷	（1）使用卧式地锚时，地锚套引出方向未开挖马道，或马道与受力方向不一致；（2）利用树木或外露岩石作牵引或制动等主要受力锚桩；（3）一根锚桩上的临时拉线超过2根	拉线不稳	锚桩拔出，承载索或返空索脱落，支架倾覆，造成事故	120	显著风险
			裂纹损伤	在架设、存放、运输中受外力撞击	承载能力下降	地锚断裂，固定的绳索跳绳或支架倒塌	90	显著风险
5.2	双钩紧线器	索具连接	变形损伤	在使用、存放、运输中受外力撞击	调整范围受限	螺杆卡死不能使用	40	一般风险

（6）附件与工具系统的危险源（点）及其影响分析，见表 4-20。

表 4-20　　　　　　　附件与工具系统危险源（点）及其影响分析

代码	设备机构（系统）名称	功能	危险源（点）	危险源（点）分析	危险源（点）影响		风险值（D）	风险等级
					局部影响	最终影响		
6.1	起吊装置	用于设备安装，物品起吊、机件、绳索牵拉等	部件锈蚀	润滑不足，存放地点潮湿或有腐蚀物	使用不灵活，费力	磨损过度损坏	40	一般风险
			制动器打滑	制动片过度磨损制动器的摩擦面进油或水	葫芦打滑	滑链事故	120	显著风险
			部件裂纹	使用、运输、存放中受外力碰撞、压砸	拉紧能力下降	部件破裂起吊事故	80	显著风险
			链条扭曲变形	使用、运输、存放中受外力碰撞、压砸	出现卡死现象	链条断裂事故	90	显著风险
6.2	拉力表	用于货运索道铺线或运载作业时的拉力测量	拉力表内部结构损坏	过载	拉力表损坏报废	不能实时监控各绳索的拉力大小	45	一般风险
6.3	抱杆	用于组立支架	杆体焊缝裂纹、脱焊	制造缺陷或非正常受力	降低支承强度	杆体断裂导致事故	90	显著风险
			杆体弯曲、扭曲	存放、运输中被冲撞、挤压	降低支承强度	弯曲增大导致事故	140	显著风险
			杆体锈蚀	长期露天存放，雨雪侵蚀与酸碱盐等腐蚀性物堆放在一起	—	抱杆身的支承强度降低造成事故	140	显著风险
6.4	卸扣	索具连接	扣体变形	材质或制造不良	牵拉能力低	卸扣损坏造成事故	120	显著风险
				超载	—	卸扣损坏造成事故	90	显著风险
				使用中受横向力	牵拉能力降低	卸扣报废	30	一般风险
			扣体和插销磨损	过度使用或在使用、存放、运输中受巨大外力撞击	降低牵拉能力	卸扣损坏造成事故	120	显著风险

续表

代码	设备机构（系统）名称	功能	危险源（点）	危险源（点）分析	危险源（点）影响		风险值（D）	风险等级
					局部影响	最终影响		
6.5	紧线器	调节拉线、承载索等的松紧，提高货物在运输过程中的安全性	螺栓松动	长期使用自然磨损或受外力松动	各部件间隙加大，造成零件轴向窜动	紧固螺栓脱落，造成事故	140	显著风险
			棘轮损坏	使用不当或受较大外力冲撞	紧线器棘轮卡死	钢丝绳跳绳造成事故	90	显著风险
			吊钩出现裂纹	运输、存储、使用过程中被重物冲撞	吊钩断裂	钢丝绳跳绳造成事故	90	显著风险
6.6	高速转向滑车	张紧钢丝绳用	轮槽、轮轴、拉板、拉环（钩）等部有裂缝、损伤	使用中过载或在存放、运输中被重物冲撞	降低载荷能力	破裂造成事故	120	显著风险
			转动部位转动不灵活	恶劣环境下锈蚀或润滑不足	轮轴磨损	轮轴过度磨损坏，或轮轴锈死磨损钢丝绳	40	一般风险
			紧固螺栓松动	长期使用自然磨损或受外力松动	各部件间隙加大，造成零件轴向窜动	紧固螺栓脱落，造成事故	90	显著风险
			滑轮槽面磨损	滑轮使用时间过长	钢丝绳不稳定	行走式滑车脱落造成事故	140	显著风险
				轮槽与钢丝绳规格不匹配	加快磨损	行走式滑车脱落造成事故	90	显著风险
			滑轮轮缘部分损伤	存放、运输、使用中受重物冲撞或选用钢丝绳不匹配	形成缺口钢丝绳跳绳	滑轮损坏造成事故	90	显著风险
			轮轴、轮轴套磨损	恶劣环境下锈蚀或润滑不足	转动不灵活	轮轴过度磨损损坏	40	一般风险
			滚轴漏油	油封装置	漏油导致小车滚轴转动不良好	滚轴不转动	50	一般风险

续表

代码	设备机构（系统）名称	功能	危险源（点）	危险源（点）分析	危险源（点）影响		风险值（D）	风险等级
					局部影响	最终影响		
6.7	地锚拉杆	与地锚连接，使支架受力平衡	裂纹、锈蚀等缺陷	长期露天存放，雨雪侵蚀与酸碱盐等腐蚀性物堆放在一起	承载能力下降	地锚拉杆断裂，支架倾斜或倾倒	40	一般风险

4.5 牵 张 设 备

导线的张力架线涉及施工装备和工器具众多，除牵引机和张力机外，还包括导线线轴架、钢绳卷车、放线滑车、牵引板、牵引绳、卡线器等大量施工工器具。为全面评估张力架线的安全风险，在此将导线展放系统划分为牵引系统、张力系统、拉线系统、附件与工具系统 4 部分，并据此开展危险源（点）辨识及风险评估，继而提出其安全防护措施。牵引系统主要包括主牵引机、小牵引机、钢绳卷车、牵引绳、牵引板、旋转（抗弯）连接器、拉锚等；张力系统主要包括主张力机、小张力机、导线线轴架、地线线轴架、拉锚等；拉线系统主要包括地锚、拉线、双钩紧线器、起重葫芦等；附件与工具系统主要包括绞磨、卡线器、链式葫芦、放线滑车、高速转向滑车、卸扣、起重滑车、压线滑车等。为便于标识，将导线张力展放各工作系统进行编号，见表 4-21。

表 4-21 牵张设备工作系统组件编号表

编号	系统	系统组件		
1	牵引系统	1.1 主牵引机	1.2 钢绳卷车	1.3 小牵引机
		1.4 牵引绳	1.5 牵引板	1.6 旋转（抗弯）连接器
		1.7 拉锚	1.8 接地滑车	
2	张力系统	2.1 主张力机	2.2 导线线轴架、地线线轴架	2.3 小张力机
		2.4 导引绳	2.5 拉锚	—
3	拉线系统	3.1 地锚	3.2 拉线	3.3 双钩紧线器
		3.4 起重葫芦	—	—
4	附件与工具系统	4.1 绞磨	4.2 卡线器	4.3 链式葫芦
		4.4 放线滑车	4.5 高速转向滑车	4.6 卸扣
		4.7 起重滑车	4.8 压线滑车	4.9 旋转连接器
		4.10 抗弯连接器	4.11 网套连接器	

（1）牵引系统的危险源（点）及其影响分析，见表 4-22。

表 4-22　　　　　　　牵引系统危险源（点）及其影响分析

代码	设备机构（系统）名称	功能	危险源（点）	危险源（点）分析	危险源（点）影响		风险值（D）	风险等级
					局部影响	最终影响		
1.1	主牵引机	牵放导线过程中起牵引作用	牵引卷筒不转动	发动机熄火			40	一般风险
				传动带断裂			50	一般风险
				减速器齿轮、轴承损坏	工作中断	导线跳线	60	一般风险
				牵引力调节阀失压			50	一般风险
				液压泵损坏或系统严重漏油	油压下降	工作中断	50	一般风险
			失控、跑线、制动器失效	液压泵损坏	油压下降	工作中断	40	一般风险
				液压系统漏油	牵引力不足	损伤导线	40	一般风险
				液压油温度过高产生气泡	产生振动、寸行、噪声	牵引顿挫、不稳、损伤导线	60	一般风险
				液压调节控制阀门损坏	牵引不稳、跑线	损伤导线	40	一般风险
				牵引卷筒轴承损坏	牵引不稳、跑线	损伤导线	60	一般风险
				主传动齿轮损坏	制动器制动力不足	工作中断	40	一般风险
			液压油温过高	油量不足、油脏	油温升高，产生气泡进入液压系统	加快磨损液压部件	40	一般风险
				使用压力过高		产生振动、寸行、噪声	40	一般风险
				散热器堵塞	散热效果不好	主机因温度过高损坏，停机	50	一般风险

续表

代码	设备机构（系统）名称	功能	危险源（点）	危险源（点）分析	危险源（点）影响		风险值（D）	风险等级
					局部影响	最终影响		
1.1	主牵引机	牵放导线过程中起牵引作用	机身振动	前后支腿受力不匀或损伤	牵引机不稳	牵引机倾覆	90	显著风险
			油缸不能顶升	顶升油缸管路、阀门泄漏	卷绕不稳	部件碰撞损坏	50	一般风险
1.2	钢绳卷车	将牵引绳回盘至钢绳卷筒上	卷线盘不转动	钢绳卷车轴承损坏卡死	牵引绳松脱	钢丝绳脱落	40	一般风险
				卷绕压力调节阀损坏	钢丝绳卷绕松懈	钢丝绳脱落	60	一般风险
				液压阀、管路漏油	钢丝绳卷绕松懈	钢丝绳脱落	40	一般风险
1.3	小牵引机	牵放牵引绳过程中起牵引作用	牵引骤停	发动机熄火	引导绳、牵引绳松弛	工作中断	60	一般风险
				传动带断裂	引导绳、牵引绳松弛	工作中断	40	一般风险
				减速器齿轮、轴承损坏	减速器卡死	工作中断	70	一般风险
1.4	牵引绳	牵引导线	钢丝绳跳绳	钢丝绳疲劳断裂	钢丝绳强度降低	牵引绳断裂，牵引板拖地，造成人身设备事故	90	显著风险
				钢丝绳连接器松脱	连接器强度降低	牵引绳断裂，牵引板拖地，造成人身设备事故	120	显著风险
				牵引卷筒绳槽磨损钢丝绳	钢丝绳强度降低	牵引绳断裂，牵引板拖地，造成人身设备事故	90	显著风险
1.5	牵引板	连接牵引绳和导线	钢丝绳或导线的跳绳或跳线	牵引板连接孔断裂、锈蚀、变形	牵引板强度降低	引发跳绳或跳线事故	40	一般风险

代码	设备机构（系统）名称	功能	危险源（点）	危险源（点）分析	危险源（点）影响		风险值（D）	风险等级
					局部影响	最终影响		
1.6	旋转（抗弯）连接器	连接钢丝绳与导线、或导线与导线	引起跳绳或跳线，导致牵引骤停	受力的螺杆断裂、锈蚀、变形	强度降低	引发跳绳或跳线事故	50	一般风险
1.7	拉锚	固定牵引机	损伤、裂痕	锚固墩、锚固板损坏	拉锚松弛	设备移位碰撞事故	40	一般风险
				手拉葫芦、连接器损坏	无法调整固定	设备移位碰撞事故	60	一般风险
1.8	接地滑车	接地引流	转动部位转动不灵活	恶劣环境下锈蚀或润滑不足	轮轴磨损	轮轴过度磨损损坏，或轮轴锈死磨损钢丝绳	40	一般风险
			紧固螺栓松动	长期使用自然磨损或受外力松动	各部件间隙加大，造成零件轴向窜动	紧固螺栓脱落，造成事故	45	一般风险
			滑轮槽面磨损	滑轮使用时间过长	钢丝绳不稳定	行走式滑车脱落造成事故	120	显著风险
				轮槽与钢丝绳规格不匹配	加快磨损	行走式滑车脱落造成事故	90	显著风险
			滑轮轮缘部分损伤	存放、运输、使用中受重物冲撞或选用钢丝绳不匹配	形成缺口钢丝绳跳绳	滑轮损坏造成事故	80	显著风险
			轴承磨损	恶劣环境下锈蚀或润滑不足	转动不灵活	轴承过度磨损损坏	45	一般风险
			滚轴漏油	油封装置	漏油导致小车滚轴转动不良好	滚轴不转动	40	一般风险

（2）张力系统的危险源（点）及其影响分析，见表 4－23。

表 4－23　　　　　　　　张力系统危险源（点）及其影响分析

代码	设备机构（系统）名称	功能	危险源（点）	危险源（点）分析	危险源（点）影响		风险值（D）	风险等级
					局部影响	最终影响		
2.1	主张力机	牵放导线过程中对导线施加放线张力	放线滚筒不转	制动器抱死	工作中断	张力骤然加大损伤导线	30	一般风险
				减速器齿轮、轴承损坏			40	一般风险
				液压马达损坏			40	一般风险
			跑线	液压系统严重漏油	张力下降跑线	导线拖地损伤	30	一般风险
				系统补油量不足	油压下降、产生振动、寸行、噪声	跑线、跳线，损伤导线，跨越时出现跑线，造成停电事故	50	一般风险
				主液压传动系统失压	张力下降	跑线、跳线，损伤导线，跨越时出现跑线，造成停电事故	50	一般风险
				液压调节控制阀门损坏	张力下降	跑线、损伤导线，跨越时出现跑线，造成停电事故	40	一般风险
				制动器打滑	不能制动	跑线、导线拖地，跨越时出现跑线，造成停电事故	60	一般风险
				主传动齿轮损坏	制动器动力不足	工作终止	60	一般风险
2.2	导线轴架车、地线线轴架	导线展放支架	导线轴架卡死	液压执行件损坏	导线骤然绷紧受力	张力机放线顿挫、损坏导线	40	一般风险
			尾绳力过小	液压系统泄漏或控制阀卡死	跑线，导线拖地	损伤导线	40	一般风险
			导线盘轴不转	减速器齿轮、轴承损坏	导线骤然绷紧受力	损伤导线、工作中断	60	一般风险

续表

代码	设备机构（系统）名称	功能	危险源（点）	危险源（点）分析	危险源（点）影响 局部影响	危险源（点）影响 最终影响	风险值（D）	风险等级
2.3	小张力机	控制放绳张力	放线滚筒不转	制动器抱死	牵引载荷增大	绳索断裂或伤人	120	显著风险
				减速器、滚筒轴承损坏卡死	牵引载荷增大	绳索断裂或伤人	140	显著风险
			放绳张力不稳	液压传动件或控制阀损坏	绳索弹跳鞭击	绳索断裂或伤人	90	显著风险
2.4	导引绳	牵拉牵引绳	损伤断股	运输或作业中受外力碰撞	牵引力下降	断裂伤人	90	显著风险
				放绳过程中张力骤然加大	绳索弹跳鞭击	断裂伤人	120	显著风险
				存放不当造成锈蚀	牵引力下降	断裂伤人	140	显著风险
2.5	拉锚	稳固张力机	损伤裂痕	锚固墩、锚固板损坏	拉锚松弛	设备移位碰撞事故	40	一般风险
				手拉葫芦、连接器损坏	无法调整固定	设备移位碰撞事故	50	一般风险

（3）拉线系统的危险源（点）及其影响分析，见表 4-24。

表 4-24　　　　　　　　拉线系统危险源（点）及其影响分析

代码	设备机构（系统）名称	功能	危险源（点）	危险源（点）分析	危险源（点）影响 局部影响	危险源（点）影响 最终影响	风险值（D）	风险等级
3.1	地锚	用来固定牵引机、张力机、卷扬机、放线滑轮、导向滑轮等	地锚设置缺陷	（1）使用卧式地锚时，地锚套引出方向未开挖马道，或马道与受力方向不一致；（2）利用树木或外露岩石作牵引或制动等主要受力锚桩；（3）一根锚桩上的临时拉线超过 2 根	拉线不稳	锚桩脱落，固定的牵引机、张力机等不稳造成事故	140	显著风险

续表

代码	设备机构（系统）名称	功能	危险源（点）	危险源（点）分析	危险源（点）影响		风险值（D）	风险等级
					局部影响	最终影响		
3.1	地锚	用来固定牵引机、张力机、卷扬机、放线滑轮、导向滑轮等	裂纹损伤	在架设、存放、运输中受外力撞击	承载能力下降	地锚断裂，固定的绳索跳绳或牵引机、张力机等不稳造成事故	90	显著风险
3.2	拉线	连接地锚和牵引机、张力机、卷扬机、放线滑轮、导向滑轮等，起固定和稳定作用	有锈蚀或磨损	日常维护保养不到位	钢丝绳强度下降	钢丝绳断裂	40	一般风险
			绳芯损坏或绳股挤出、断裂	维护保养不到位、搬运时被硬件磨损	钢丝绳断裂	跳绳或使固定的牵引机、张力机等不稳造成事故	90	显著风险
			笼状畸形、严重扭结或弯折	维护保养不到位、搬运或安装时被硬件磨损、错误的提升抱杆	钢丝绳断裂	跳绳或使固定的牵引机、张力机等不稳造成事故	120	显著风险
			压扁严重，断面缩小	维护保养不到位、搬运或安装时被硬件磨损、错误的提升抱杆	钢丝绳断裂	跳绳或使固定的牵引机、张力机等不稳造成事故	90	显著风险
3.3	双钩紧线器	索具连接	变形损伤	在使用、存放、运输中受外力撞击	调整范围受限	螺杆卡死不能使用	45	一般风险
3.4	起重葫芦	进行提升、牵引、下降、校准等作业的起重工具	部件锈蚀	润滑不足，存放地点潮湿或有腐蚀物	使用不灵活，费力	磨损过度坏	60	一般风险
			制动器打滑	制动器的摩擦面进油或水	葫芦打滑	滑链事故	60	一般风险
			部件裂纹	使用、运输、存放中受外力碰撞、压砸	拉紧能力降	部件破裂起吊事故	90	显著风险
			链条扭曲变形	使用、运输、存放中受外力碰撞、压砸	出现卡死象	链条断裂故	80	显著风险

输变电工程施工装备安全防护手册

（4）附件与工具系统的危险源（点）及其影响分析，见表4-25。

表 4-25　　　　　　附件与工具系统危险源（点）及其影响分析

代码	设备机构（系统）名称	功能	危险源（点）	危险源（点）分析	危险源（点）影响		风险值（D）	风险等级
					局部影响	最终影响		
4.1	绞磨	用卷筒缠绕钢丝绳或链条以提升或牵引重物	钢丝绳重叠和斜绕、爬磨	钢丝绳抖动跳绳	钢丝绳抖动跳绳	牵引绳骤然受冲击力断裂	40	一般风险
			钢丝绳打结、扭绕	操作不当	钢丝绳不稳	牵引绳骤然受冲击力断裂	120	显著风险
			传动带破损	使用时间过长、选用皮带型号不符	传动丢转	传动骤停	50	一般风险
			轴承过热	轴承老化、润滑油过脏	加速机件磨损	轴承损坏	50	一般风险
				轴承老化、润滑油过脏	加速轴承磨损	轴承损坏	60	一般风险
			卷扬机制动器失灵	制动片过度磨损	无法制动	造成起重事故	140	显著风险
				进水	制动打滑	造成起重事故	140	显著风险
				刹车间隙过大	无法制动	造成起重事故	90	显著风险
4.2	卡线器	用于调整弧垂，收紧导线	卡线器有裂纹或变形	日常存放、使用过程中受硬物撞击	卡线器报废	跑线	40	一般风险
			卡线器槽口过度磨损	使用时间过长	卡线器打滑	无法收紧导线	40	一般风险
4.3	链式葫芦	用于设备安装，物品起吊、机件、绳索牵拉等	部件锈蚀	润滑不足，存放地点潮湿或有腐蚀物	使用不灵活，费力	磨损过度损坏	50	一般风险
			制动器打滑	制动片过度磨损，制动器的摩擦面进油或水	葫芦打滑	滑链事故	50	一般风险
			部件裂纹	使用、运输、存放中受外力碰撞、压砸	拉紧能力下降	部件破裂起吊事故	90	显著风险
			链条扭曲变形	使用、运输、存放中受外力碰撞、压砸	出现卡死现象	链条断裂事故	120	显著风险

70

续表

代码	设备机构（系统）名称	功能	危险源（点）	危险源（点）分析	危险源（点）影响		风险值（D）	风险等级
					局部影响	最终影响		
4.4	放线滑车	架线施工过程中用于延放导线，并对导线起支承作用	滑轮转动部位转动不灵活	防尘挡板破损轴承锈蚀	磨损导线	导线出现"电晕"造成事故	40	一般风险
			紧固螺栓松动	长期使用自然磨损或受外力松动	各部件间隙加大，造成零件轴向窜动	紧固螺栓脱落，造成事故	120	显著风险
			滑轮轮缘部分损伤	存放、运输、使用中受重物冲撞	滑轮损坏	未及时处理跑线造成事故	40	一般风险
			轴承变形缺损	使用时间过长，润滑不足或油脏	转动不灵活	轮轴过度磨损损坏造成事故	40	一般风险
4.5	高速转向滑车	在架线过程中控制导线、或牵引绳的走向	轮槽、轮轴、拉板、吊钩等部有裂缝、损伤	使用中过载或在存放、运输中被重物冲撞	降低载荷能力	破裂造成事故	140	显著风险
			转动部位转动不灵活	恶劣环境下锈蚀或润滑不足	轮轴磨损	轮轴过度磨损损坏，或轮轴锈死磨损牵引绳	50	一般风险
			紧固螺栓松动	长期使用自然磨损或受外力松动	各部件间隙加大，造成零件轴向窜动	紧固螺栓脱落，造成事故	60	一般风险
			滑轮槽面磨损过深	使用时间过长	导线不稳定、加快磨损	导线出现"电晕"造成事故	50	一般风险
			滑轮轮缘部分损伤	存放、运输、使用中受重物冲撞	形成缺口跳绳	导向轮损坏造成事故	60	一般风险
			轮轴、轮轴套磨损	恶劣环境下锈蚀或润滑不足	转动不灵活	轮轴过度磨损损坏	60	一般风险
4.6	卸扣	索具连接	扣体变形	材质或制造不良	牵拉能力低	卸扣损坏造成事故	60	一般风险
				超载	—	卸扣损坏造成事故	50	一般风险
				使用中受横向力	牵拉能力降低	卸扣报废	40	一般风险

续表

代码	设备机构（系统）名称	功能	危险源（点）	危险源（点）分析	危险源（点）影响		风险值（D）	风险等级
					局部影响	最终影响		
4.6	卸扣	索具连接	扣体和插销磨损	过度使用或在使用、存放、运输中受巨大外力撞击	降低牵拉能力	卸扣损坏造成事故	40	一般风险
4.7	起重滑车	用于架线、吊装设备及其他起重作业	轮槽、轮轴、拉板、吊钩等部有裂缝、损伤	使用中过载或在存放、运输中被重物冲撞	降低载荷能力	破裂造成事故	90	显著风险
			转动部位转动不灵活	恶劣环境下锈蚀或润滑不足	轮轴磨损	轮轴过度磨损损坏，或轮轴锈死磨损钢丝绳	50	一般风险
			紧固螺栓松动	长期使用自然磨损或受外力松动	各部件间隙加大，造成零件轴向窜动	紧固螺栓脱落，造成事故	50	一般风险
			滑轮槽面磨损过深	使用频率高或选用钢丝绳不匹配	钢丝绳不稳定、加快磨损	轮槽损坏钢丝绳跳绳	40	一般风险
			滑轮轮缘部分损伤	存放、运输、使用中受重物冲撞或选用钢丝绳不匹配	形成缺口钢丝绳跳绳	导向轮损坏造成事故	120	显著风险
			轮轴、轮轴套磨损	恶劣环境下锈蚀或润滑不足	转动不灵活	轮轴过度磨损损坏	40	一般风险
4.8	压线滑车	适用于放线过程中压上扬的导、地线	滑轮转动部位转动不灵活	防尘挡板破损轴承锈蚀	磨损导线	导线出现"电晕"增加线损	120	一般风险
			紧固螺栓松动	长期使用自然磨损或受外力松动	各部件间隙加大，造成零件轴向窜动	紧固螺栓脱落，造成事故	40	一般风险
			滑轮轮缘部分损伤	存放、运输、使用中受重物冲撞	滑轮损坏，磨损导线	导线出现"电晕"增加线损	60	一般风险
			轴承变形缺损	使用时间过长，润滑不足或油脏	转动不灵活	轮轴过度磨损损坏造成事故	60	一般风险

续表

代码	设备机构（系统）名称	功能	危险源（点）	危险源（点）分析	危险源（点）影响		风险值（D）	风险等级
					局部影响	最终影响		
4.9	旋转连接器	适用于各种规格导线、钢芯铝绞线放线时连接牵引钢丝绳，能释放钢丝绳捻劲	连接器旋转处磨损	日常维护保养不到位或使用时间过长	旋转连接器损坏	牵引钢丝绳跳绳造成事故	60	一般风险
4.10	抗弯连接器	牵引钢丝绳之间的连接用	连接器本体和销轴磨损、断裂	使用时间过长后磨损	抗弯连接器报废	钢丝绳跳绳如果断裂会伤及人身安全，造成事故	90	显著风险
4.11	网套连接器	导线同牵引板之间（单头）、导线和导线之间（双头）连接用	网套末端过紧	使用时间过长，使得承载能力下降或握力下降而使得导线滑移	网套连接器报废	网套断裂或导线从网套中滑出	40	一般风险

4.6 起 重 机 械

输变电工程施工过程中所使用的起重机械主要包括汽车式起重机和履带式起重机。汽车式起重机工作系统主要包括行驶系统、传动系统、转向系统、制动部分、车架支腿、变幅机构、起升机构、回转机构、起重臂。履带式起重机工作系统主要包括吊臂与吊钩、上车回转机构、行走机构、回转支承部分、动力装置、机械传动部分、液压传动部分、控制装置、起升机构、变幅机构、操作机构、安全装置、配重部分。为了便于标识，对起重机械各个部分进行编号，见表 4-26。

表 4-26　　　　　　　　起重机械工作系统组件编号表

编号	系统	系统组件		
1	汽车式起重机	1.1 行驶系统	1.2 传动系统	1.3 转向系统
		1.4 制动部分	1.5 车架支腿	1.6 变幅机构
		1.7 起升机构	1.8 回转机构	1.9 起重臂

编号	系统	系统组件		
2	履带式起重机	2.1 吊臂与吊钩	2.2 上车回转机构	2.3 行走机构
		2.4 回转支承部分	2.5 动力装置	2.6 机械传动部分
		2.7 液压传动部分	2.8 控制装置	2.9 起升机构
		2.10 变幅机构	2.11 操作机构	2.12 安全装置
		2.13 配重部分	—	—

（1）汽车式起重机的危险源（点）及其影响分析，见表 4-27。

表 4-27　　　　　汽车式起重机危险源（点）及其影响分析

代码	设备机构（系统）名称	功能	危险源（点）	危险源（点）分析	危险源（点）影响		风险值（D）	风险等级
					局部影响	最终影响		
1.1	行驶系统	接受发动机经传动系传来的扭矩，并通过驱动轮与路面间附着作用，产生路面对汽车的牵引力，以保证整车正常行驶	轮胎爆裂	行驶时间过长，轮胎过热	轮胎内压迅速升高	爆胎造成交通事故	40	一般风险
				轮胎损伤后未及时更换	损伤加剧扩大	爆胎造成交通事故	120	显著风险
			跑偏	左右轮胎气压不等	容易跑偏	严重跑偏造成事故	90	显著风险
				减振器失效或损坏	行进颠簸抖动	控制困难	50	一般风险
				后桥弯曲	容易跑偏	后桥断裂造成事故	120	显著风险
1.2	传动系统	将发动机输出的动力按照需要传递给行驶系统	离合器打滑	离合器摩擦片破碎	行进时骤然失速	无法行驶	50	一般风险
				离合器摩擦片沾有油污	行进时失速	行车困难	60	一般风险
			离合器异响	离合器摩擦衬片过度磨损	行进时失速	行车困难	60	一般风险
			离合器抖动	主、从动盘接触不良	加快磨损	行进时失速	40	一般风险
			变速箱异响	齿轮轴承过度磨损或损坏	乱档、跳档	无法行驶	40	一般风险

续表

代码	设备机构（系统）名称	功能	危险源（点）	危险源（点）分析	危险源（点）影响		风险值（D）	风险等级
					局部影响	最终影响		
1.3	转向系统	调整使汽车沿着设想的轨迹运动	跑偏	转向传动机构固定松动	转向困难	易发行车事故	60	一般风险
				转向传动轴变形弯曲	转向失灵	易发行车事故	50	一般风险
1.4	制动部分	强制行驶中的汽车减速或停车	制动失灵	摩擦片与制动鼓间隙过大或有油污	制动打滑	易发行车事故	50	一般风险
			制动跑偏	左或右车轮制动失效	制动横移	易发行车事故	50	一般风险
			制动不回	摩擦片与制动鼓间隙过大	无法制动	易发行车事故	40	一般风险
1.5	车架支腿	分散压力，降低压强	活动支腿与固定支腿撞击	导向槽磨损过大	加大磨损，造成振动	损伤支腿和液压缸	40	一般风险
			支腿收放失灵	液压锁失灵	无法收放支腿	起重作业无法完成	60	一般风险
			吊重时支腿自动收回	液压锁密封件损坏、漏油	吊车倾斜	发生吊车倾覆事故	60	一般风险
			行驶时支腿伸出	液压锁损坏或O形圈损坏	行驶障碍	发生刮碰事故	90	显著风险
1.6	变幅机构	调整控制起重臂仰起或俯下角度	仰臂速度慢或不能仰臂减幅	溢流阀密封不良	不能迅速调整起重臂仰角	无法起吊	50	一般风险
			俯臂增幅出现点头甚至振动现象	阻尼孔堵塞不畅，滑阀内漏严重	不能迅速调整起重臂俯角	无法起吊	50	一般风险
			吊臂不能可靠地锁定	单向阀密封不严，液压缸漏油	起重时吊臂滑动	造成起重事故	120	显著风险
1.7	起升机构	牵引重物上升或下降	起吊无力	液压马达磨损，内部泄漏	不能吊物	工作中断	50	一般风险
			重物溜车	制动系统失效，单流阀失效	重物下滑	造成起重事故	100	显著风险
				减速器齿轮或轴承损坏	重物下滑	造成起重事故	120	显著风险
			钢丝绳断裂	过度磨损	重物坠落	造成起重事故	120	显著风险

续表

代码	设备机构（系统）名称	功能	危险源（点）	危险源（点）分析	危险源（点）影响		风险值（D）	风险等级
					局部影响	最终影响		
1.8	回转机构	使旋转部分相对于非旋转部分转动，在水平面上沿圆弧方向搬运物料	回转系统动作缓慢或不动	控制阀磨损或损坏；减速器齿轮轴承损坏	不能准确迅速回转	无法完成重物移动	40	一般风险
			回转系统游隙过大	减速器齿轮轴承损坏	不能回转	无法完成重物移动	40	一般风险
1.9	起重臂	支承起升钢丝绳、滑轮组	伸缩臂伸缩时抖动并异响	平衡阀故障；伸缩臂变形或润滑不足	起重臂伸缩不畅	不能完成作业	50	一般风险
			伸缩臂不能回缩或伸缩臂自动下沉	平衡阀故障；油管漏油，油路中有气泡	无法完成重物移动	造成起重事故	90	显著风险

（2）履带式起重机的危险源（点）及其影响分析，见表4-28。

表4-28　　　　　履带式起重机危险源（点）及其影响分析

代码	设备机构（系统）名称	功能	危险源（点）	危险源（点）分析	危险源（点）影响		风险值（D）	风险等级
					局部影响	最终影响		
2.1	吊臂与吊钩	支承起升钢丝绳、滑轮组；取物装置	伸缩臂伸缩时抖动并异响	平衡阀故障；伸缩臂变形或润滑不足	起重臂伸缩不畅	不能完成作业	45	一般风险
			伸缩臂不能回缩或伸缩臂自动下沉	平衡阀故障；油管漏油，油路中有气泡	无法完成重物移动	造成起重事故	90	显著风险
2.2	上车回转机构	在水平面上沿圆弧方向搬运物料	回转系统动作缓慢或不动	控制阀磨损或损坏；减速器齿轮轴承损坏	不能准确迅速回转	无法完成重物移动	30	一般风险
			回转系统游隙过大	减速器齿轮轴承损坏	不能回转	无法完成重物移动	50	一般风险
2.3	行走机构	改变左、右行走马达的回转方向，实现吊车的前进、倒退、原地旋转及转弯的动作	行走跑偏	两侧履带不平行，张力不一致	向一侧跑偏	行走控制困难	50	一般风险
				单侧行走液压马达、驱动阀内泄漏	向一侧跑偏	行走控制困难	60	一般风险
				两侧制动阀压力不一致	向一侧跑偏	行走控制困难	60	一般风险

续表

代码	设备机构（系统）名称	功能	危险源（点）	危险源（点）分析	危险源（点）影响		风险值（D）	风险等级
					局部影响	最终影响		
2.4	回转支承部分	支承上车回转部分装置	回转异响	回转支承与上机连接螺栓安装不良	连接端面出现间隙，连接件滑移	引起机身二次应力拉大，甚至造成吊车倾覆	60	一般风险
				转盘轴承装配不良	轴承发热、振动	降低轴承使用寿命	40	一般风险
2.5	动力装置	把内燃机的机械能经液压油泵转变为液压能	发动机启动困难或无法启动	启动电路故障，启动开关损坏	发动机无法启动	工作停止	40	一般风险
				喷油器磨损，燃油雾化不好	发动机运转不稳定	工作停止	50	一般风险
				活塞、活塞环和气缸套磨损	发动机无法启动	工作停止	40	一般风险
				发动机曲轴烧瓦	发动机无法启动	工作停止	50	一般风险
				燃油系统中有空气、燃油滤芯堵塞	发动机运转不稳定	工作停止	40	一般风险
				输油泵及油路故障	发动机运转不稳定	工作停止	60	一般风险
				燃油中有杂质	发动机运转不稳定	工作停止	60	一般风险
			工作机构无动作	液压油箱油量不足	液压泵吸油不足或吸入空气	工作停止	40	一般风险
				发动机与液压泵的传动连接损坏	液压泵不工作	工作停止	50	一般风险
				主油泵损坏	无油压输出	工作停止	50	一般风险
				伺服操作系统压力低或无压力	操作失效	工作停止	40	一般风险

代码	设备机构（系统）名称	功能	危险源（点）	危险源（点）分析	危险源（点）影响		风险值（*D*）	风险等级
					局部影响	最终影响		
2.6	机械传动部分	把内燃机的动力传递给液压油泵，再把液压能变成机械能，带动各工作机构	传动齿轮轮齿折断	工作时超载或磨损严重产生的冲击与振动	—	如齿轮折断发生在起升机构会导致重物坠落而造成事故	90	显著风险
			齿轮过度磨损	长期使用磨损及安装不正确	承载能力下降，可能导致断齿		120	显著风险
			传动轴键槽损坏	键与槽之间松动有间隙，以及超载使键槽发生塑性变形	不能传递扭矩	如发生在起升机构会导致重物坠落而造成事故	140	显著风险
			轴承异响	润滑油过脏、缺油或油过多造成润滑不良或散热不良	轴承使用寿命缩短及损坏	造成轴及轴承座的损坏	50	一般风险
			减速器发热、振动、异响	缺少润滑油或润滑油过多；轴承破碎，轴承与壳体间有相对转动；轮齿磨损	润滑效果降低，被润滑件使用寿命降低	造成减速器轴和壳体损坏	50	一般风险
			制动失灵	制动轮和摩擦片上有油污或露天雨雪造成摩擦系数降低	设备运行不能按要求有效停止	可能引发一系列事故的发生，如发生在起升机构将造成吊重物的坠落	120	显著风险
				制动轮或摩擦片有严重磨损造成制动力不足			120	显著风险
2.7	液压传动部分	液压马达把液压能转化为机械能驱动各工作机构	液压系统振动与噪声	液压油泵吸空	空气进入液压系统产生气穴	产生振动、噪声，爬行	60	一般风险
				油箱油面太低，液压泵吸不上油	产生噪声	产生振动、噪声，爬行	40	一般风险
				液压油泵零件磨损	间隙过大，流量不足，转速过高压力波动	产生振动、噪声，爬行	60	一般风险

续表

代码	设备机构（系统）名称	功能	危险源（点）	危险源（点）分析	危险源（点）影响		风险值（D）	风险等级
					局部影响	最终影响		
2.7	液压传动部分	液压马达把液压能转化为机械能驱动各工作机构	液压系统振动与噪声	溢流阀动作失灵	溢流阀的不稳定使得压力波动	产生振动与噪声	60	一般风险
			液压系统油温过高	散热不良	引起机械的热变形，破坏它原有的精度	油温过高，油液黏度下降，导致泄漏增加；使油液变质，产生氧化物质，堵塞液压元件小孔或缝隙，使元件无法正常工作	40	一般风险
				系统卸载回路动作不良	大量压力油从溢流阀回流到油池		50	一般风险
				泄漏严重	液压泵做无用功造成设备过热，油温升高		50	一般风险
				高压油中进入空气或水分	油温迅速升高，产生振动、噪声	液压工作机构出现振颤、爬行，甚至发生事故	120	显著风险
			液压油变质	液压系统装配中残留了铁屑、焊渣、毛刺	液压油泵、阀接合面被磨损、阻尼孔及滤油器被堵塞	元件损坏引发各类问题，甚至导致发生事故	120	显著风险
				液压系统中相对运动的部件产生的磨损微粒，造成液压油的变质	液压件接合面被磨损、阻尼孔及滤油器被堵塞	元件损坏引发各类问题，甚至导致发生事故	120	显著风险
				液压油中混入空气、水分	产生气蚀现象，液压冲击、噪声	液压件损坏	40	一般风险

代码	设备机构（系统）名称	功能	危险源（点）	危险源（点）分析	危险源（点）影响		风险值（D）	风险等级
					局部影响	最终影响		
2.8	控制装置	操纵和控制起重机各工作机构，使各机构能按要求进行启动、调速、换向、停止，从而实现起重机作业的各种动作	控制装置常见故障主要为控制阀失效	溢流阀阀件磨损、内泄漏、阀件卡死	溢流阀泄漏造成系统压力不足，液压泵功率损失，或无法安全泄压	各分路执行件动作无力或系统压力骤然升高造成事故	40	一般风险
				减压阀阀件磨损、内泄漏、阀件卡死	减压阀失效造成支路压力过高	支路元件损伤甚至发生事故	90	显著风险
				顺序阀阀件磨损、内泄漏、阀件卡死	顺序阀内泄漏造成执行机构动作混乱无序	发生设备或伤害事故	90	显著风险
				节流阀、调速阀、分流阀、集流阀阀芯卡死	执行机构运动速度无法控制	发生设备或起重伤害事故	140	显著风险
				单流阀、换向阀内泄漏或阀芯卡死	执行元件动作无序混乱	发生设备或起重伤害事故	90	显著风险
2.9	起升机构	实现重物的垂直上下运动，牵引重物上升或下降	起吊无力	液压马达磨损，内部泄漏	不能吊物	工作中断	50	一般风险
			重物溜车	制动系统失效，单流阀失效	重物下滑	造成起重事故	60	一般风险
				减速器齿轮或轴承损坏	重物下滑	造成起重事故	90	显著风险
			钢丝绳断裂	过度磨损	重物坠落	造成起重事故	140	显著风险
2.10	变幅机构	调整控制起重臂仰起或俯下角度，实现重物的垂直平面内移动	仰臂速度慢或不能仰臂减幅	溢流阀密封不良	不能迅速调整起重臂仰角	无法起吊	40	一般风险
			俯臂增幅出现点头甚至振动现象	阻尼孔堵塞不畅，滑阀内漏严重	不能迅速调整起重臂俯角	无法起吊	40	一般风险
			吊臂不能可靠地锁定	单向阀密封不严，液压缸漏油	起重时吊臂滑动	造成起重事故	140	显著风险

续表

代码	设备机构（系统）名称	功能	危险源（点）	危险源（点）分析	危险源（点）影响		风险值（*D*）	风险等级
					局部影响	最终影响		
2.11	操动机构	通过操纵操作室中相应的控制杆和开关控制阀，从而控制相应的机构	操作手柄失效	手柄与控制阀连接件损坏	无法操作	起吊作业中发生可能导致伤害事故	90	显著风险
2.12	安全装置	吊钩防过卷装置：保证吊具起升到极限位置时，自动切断起升动力源	装置失效过卷扬	行程开关失效或位置发生移动	起升钢丝绳断裂	吊钩及重物坠落造成事故	90	显著风险
		吊臂防过倾装置：保证当变幅机构的行程开关失效时，阻止吊臂后倾	装置失效吊臂变幅超78°	限位开关失效；保险绳或保险杆损伤	限位开关失效，吊臂仰俯角度失控	保险绳或保险杆损伤，吊车发生倾覆事故	80	显著风险
		力矩限制器：当载荷力矩达到额定起重力矩时，自动切断起升或变幅的动力源并发出报警信号	装置失效起升钢丝绳断裂或臂架弯曲或折断	传感器失效或信号线断裂	起吊力矩超限时无警告	起升钢丝绳断裂或臂架弯曲折断发生事故	140	显著风险
		回转定位装置：在整机行驶时，使上车保持在固定位置	整车行驶时上车回转	锁销脱落或锁定油缸液压油泄漏	行驶不稳	发生车辆倾覆事故	90	显著风险
2.13	配重	利用杠杆原理，保证起重机工作时的稳定	起吊作业时整机不稳	配重过大过小	配重过大，损伤车身强度	配重过小，可能造成起重机倾覆	90	显著风险

4.7 高空作业车

输变电工程施工作业过程中使用的高空作业车一般可分为行驶系统、传动系统、转向系统、制动部分、车架支腿、举升机构、回转机构和液压系统8部分。为了便于标识，对高空作业车各个部分进行编号，见表4-29。

表4-29 高空作业车工作系统组件编号表

编号	系统	系统组件		
1	高空作业车	1.1 行驶系统	1.2 传动系统	1.3 转向系统
		1.4 制动部分	1.5 车架支腿	1.6 举升机构
		1.7 回转机构	1.8 液压系统	—

高空作业车的危险源（点）及其影响分析，见表4-30。

表4-30 高空作业车危险源（点）及其影响分析

代码	设备机构（系统）名称	功能	危险源（点）	危险源（点）分析	危险源（点）影响		风险值（D）	风险等级
					局部影响	最终影响		
1.1	行驶系统	接受发动机经传动系统来的扭矩，并通过驱动轮与路面间附着作用，产生路面对汽车的牵引力，以保证整车正常行驶	轮胎爆裂	行驶时间过长，轮胎过热	轮胎内压迅速升高	爆胎造成交通事故	30	一般风险
				轮胎损伤后未及时更换	损伤加剧扩大	爆胎造成交通事故	120	显著风险
			跑偏	左右轮胎气压不等	容易跑偏	严重跑偏造成事故	50	一般风险
				减振器失效或损坏	行进颠簸抖动	控制困难	40	一般风险
				后桥弯曲	容易跑偏	后桥断裂造成事故	120	显著风险
1.2	传动系统	将发动机输出的动力按照需要传递给行驶系统	离合器打滑	离合器摩擦片破碎	行进时骤然失速	无法行驶	40	一般风险
				离合器摩擦片沾有油污	行进时失速	行车困难	60	一般风险
			离合器异响	离合器摩擦衬片过度磨损	行进时失速	行车困难	40	一般风险

续表

代码	设备机构（系统）名称	功能	危险源（点）	危险源（点）分析	危险源（点）影响		风险值（D）	风险等级
					局部影响	最终影响		
1.2	传动系统	将发动机输出的动力按照需要传递给行驶系统	离合器抖动	主、从动盘接触不良	加快磨损	行进时失速	50	一般风险
			变速箱异响	齿轮轴承过度磨损或损坏	乱档、跳档	无法行驶	40	一般风险
1.3	转向系统	对左、右转向车轮进行不同转角的调整使汽车沿着设想的轨迹运动	跑偏	转向传动机构固定松动	转向困难	易发行车事故	140	显著风险
				转向传动轴变形弯曲	转向失灵	易发行车事故	40	一般风险
1.4	制动部分	强制行驶中的汽车减速或停车	制动失灵	摩擦片与制动鼓间隙过大或有油污	制动打滑	易发行车事故	40	一般风险
			制动跑偏	左或右车轮制动失效	制动横移	易发行车事故	50	一般风险
			制动不回	摩擦片与制动鼓间隙过大	无法制动	易发行车事故	40	一般风险
1.5	车架支腿	分散压力，降低压强	活动支腿与固定支腿撞击	导向槽磨损过大	加大磨损，造成振动	损伤支腿和液压缸	40	一般风险
			支腿收放失灵	液压锁失灵	无法收放支腿	举升作业无法完成	50	一般风险
			举升时支腿自动收回	液压锁密封件损坏、漏油	高空作业车倾斜	发生车辆倾覆事故	120	显著风险
			行驶时支腿伸出	液压锁损坏或O形圈损坏	行驶障碍	发生刮碰事故	140	显著风险
1.6	举升机构	控制作业平台上升或下降	举升无力	液压马达磨损，内部泄漏	不能举升到预期位置	工作中断	50	一般风险
			桅杆下滑	控制阀内泄漏	作业平台下滑	造成事故	40	一般风险
				减速器齿轮或轴承损坏	作业平台下滑	造成事故	50	一般风险

续表

代码	设备机构（系统）名称	功能	危险源（点）	危险源（点）分析	危险源（点）影响		风险值（D）	风险等级
					局部影响	最终影响		
1.7	回转机构	使旋转部分相对于非旋转部分转动，达到在水平面上沿圆弧方向移动作业平台	回转系统动作缓慢或不动	控制阀磨损或损坏；减速器齿轮轴承损坏	不能准确迅速回转	无法完成作业平台移动	50	一般风险
			回转系统游隙过大	减速器齿轮轴承损坏	不能回转	无法完成作业平台移动	40	一般风险
1.8	液压系统	实现机械能与液压能之间的转换以便驱动高空作业车各机构工作	液压系统漏油	密封件损坏	液压系统压力不足	高空作业车液压系统不能正常工作	40	一般风险
				接头松动	液压系统压力不足		60	一般风险
				管边破裂或焊管接头油砂眼	液压系统压力不足		60	一般风险
			油温过高	散热不良	引起机械的热变形，破坏它原有的精度	油温过高，油液黏度下降，导致泄漏增加；使油液变质，产生氧化物质，堵塞液压元件小孔或缝隙，使元件无法正常工作	40	一般风险
				系统卸载回路动作不良	大量压力油从溢流阀回流到油池		140	一般风险
				泄漏严重	液压泵做无用功造成设备过热，油温升高		120	一般风险
				液压油中进入空气或水分	油温迅速升高，产生振动、噪声	液压工作机构出现振颤、爬行，甚至发生事故	90	显著风险

4.8 真空滤油机

输变电工程施工中使用的真空滤油机一般可分为进油过滤系统、真空系统、加热系统、出油过滤系统4部分。为了便于标识，对真空滤油机各个部分进行编号，见表4-31。

表 4-31　　　　　　　　　　真空滤油机工作系统组件编号表

编号	系统	系统组件		
1	真空滤油机	1.1　进油过滤系统	1.2　真空系统	1.3　加热系统
		1.4　出油过滤系统	—	—

真空滤油机的危险源（点）及其影响分析，见表 4-32。

表 4-32　　　　　　　　　　真空滤油机危险源（点）及其影响分析

代码	设备机构（系统）名称	功能	危险源（点）	危险源（点）分析	危险源（点）影响 局部影响	危险源（点）影响 最终影响	风险值（D）	风险等级
1.1	进油过滤系统	对油液进行先期过滤，除去油液内较大颗粒的杂质	滤油机吸油困难	过滤器堵塞	油液无法自行进入到滤油机中	滤油机无法正常工作	30	一般风险
				真空泵损坏	油液无法自行进入到滤油机中		120	显著风险
			油液内杂质过滤不彻底	过滤器滤网损坏	无法过滤油液		50	一般风险
1.2	真空系统	形成负压，降低水的沸点，同时可以加快油液的过滤速度	真空泵进油	滤油罐中的油位过高	真空泵损坏	滤油机无法正常工作	60	一般风险
			真空度达不到技术标准	真空泵内密封垫移位或损坏			50	一般风险
				真空油由于使用时间长含水量增加			40	一般风险
				各连接处密封漏气			30	一般风险
				真空泵易损件磨损			40	一般风险
1.3	加热系统	对油进行加热，利于油液内水分的析出	油控不灵或无温	油温温度计故障	无法及时了解油液被加热到的温度	使油温过高造成事故	30	一般风险
				加热器烧坏、线路断路、接触臂未吻合	无法给油液加热	油液中的水分过滤不彻底	30	一般风险

续表

代码	设备机构（系统）名称	功能	危险源（点）	危险源（点）分析	危险源（点）影响		风险值（D）	风险等级
					局部影响	最终影响		
1.4	出油过滤系统	将油液从滤油罐中抽出，同时可作为反冲系统的动力源	排油泵无压力出油量不足	初滤器网堵塞	油液不能排出	滤油机无法正常工作	40	一般风险
				排油泵油封漏气	排油泵不能正常工作		40	一般风险
				进油管被堵，吸入缸底	油液不能排出		45	一般风险
				真空缸内喷油小孔堵塞	油液不能排出		40	一般风险

本章对旋挖钻机、挖掘机、抱杆、货运索道、牵张设备、起重机械、高空作业车、真空滤油机等主要施工装备各工作系统的危险源（点）进行了分析和辨识，提出了危险源（点）的局部影响和最终影响，利用 LEC 法对施工装备的危险源（点）进行了风险值和风险等级的评定。通过对输变电工程主要施工装备各工作系统安全风险的综合分析和量化评估，细致明确了主要施工装备的安全风险情况，可有利指导一线的施工装备操作人员注意装备使用安全，指导维护人员有针对性地对施工装备开展定期检查与维护保养，同时为安全防护措施的制订提供了依据。

第5章

安 全 防 护 措 施

制订输变电工程主要施工装备的安全防护措施，应重点考虑采用必要的管理措施以消除或降低危险源（点）的风险等级，重点可从组织防护措施和技术防护措施两方面入手，通过制订新的安全保障方案，达到人员防护和设备（过程和工器具）防护，实现最终降低风险等级的目的。制订安全防护措施程序见图 5-1。

图 5-1　制订安全防护措施程序图

一般而言，针对输变电工程主要施工装备的一般风险，采取常规的单一控制措施即可实现良好的防控效果；但对高等级风险，常规的单一控制措施往往不能达到防控目的，需要采取组织、技术等方面的联合措施，通过多种防护手段形成综合性的风险消除或降低措施。

输变电工程主要施工装备的使用需要人员参与，而安全防护措施的制订也应以保护人员安全为重点。本章以旋挖钻机、挖掘机、抱杆、货运索道、牵张设备、起重机械、高空作业车和真空滤油机等输变电工程主要施工装备的危险源（点）辨识和风险评估为基础，结合各主要施工装备特点，以提高施工人员安全防护水平为目标，制订切实可行的安全防护措施。

受施工装备自身的性能状态、施工外部环境、施工人员技能等多方面影响，施工单位可根据本章推荐的安全防护措施制订符合特定工程实际情况的实施措施。

5.1　旋　挖　钻　机

针对分析的危险源（点）及风险等级，提出旋挖钻机的防护措施见表 5−1。

表 5−1　　　　　　　　　　　旋挖钻机的防护措施

代码	名称	功能	危险源（点）	危险源（点）分析	危险源（点）影响		检测方法	防护措施
					局部影响	最终影响		
1.1	底盘机构	实现旋挖钻机的前进、倒退、原地旋转及转弯的动作；使旋转部分相对于非旋转部分转动，使钻杆和钻头到达指定工作位置	回转系统动作缓慢或不动	控制阀磨损或损坏；减速器齿轮轴承损坏	不能准确迅速回转	无法完成指定位置的成孔作业	目测检查	更换控制阀或齿轮、轴承
			回转系统游隙过大	减速器齿轮轴承损坏	不能回转	无法完成指定位置的成孔作业	目测检查	更换齿轮、轴承
			行走跑偏	两侧履带不平行，张力不一致	向一侧跑偏	行走控制困难	仪器检查	调整履带张力、平行度
				单侧行走液压马达、驱动阀内泄漏	向一侧跑偏	行走控制困难	仪表检查	修理或更换液压马达、驱动控制阀
				两侧制动阀压力不一致	向一侧跑偏	行走控制困难	仪表检查	调整两侧制动阀压力一致
			回转异响	回转支承与上机连接螺栓安装不良	连接端面出现间隙，连接件滑移	引起机身二次应力拉大，甚至造成旋挖钻机倾覆	力矩工具	加强装配质量检查
				转盘轴承装配不良	轴承发热、振动	降低轴承使用寿命	量具检查	
1.2	动力头	动力头是钻杆和钻头工作的动力源，它驱动钻杆和钻头回转，并能提供钻孔所需的加压力和提升力	动力头减速机有响声	减速机摩擦片磨损	动力头故障	旋挖钻机不能正常工作	目测	更换
				动力头减速机轴或轴承损坏			目测	拆开减速机上更换所有损坏零件
				减速机过热			目测	检查润滑油位，看看减速机下油封
				润滑油过少			目测	向润滑油箱添加液压油

续表

代码	名称	功能	危险源（点）	危险源（点）分析	危险源（点）影响		检测方法	防护措施
					局部影响	最终影响		
1.2	动力头	动力头是钻杆和钻头工作的动力源，它驱动钻杆和钻头回转，并能提供钻孔所需的加压力和提升力	动力头高速反转无动作	电磁阀线路短路	动力头故障	旋挖钻机不能正常工作	目测	重新接线
				轴入轴上的密封损坏			目测	更换
				减速机摩擦片烧结			目测	拆开更换
1.3	桅杆	用于钻杆和钻头的悬挂支承，并可以控制钻孔角度	桅杆不垂直	水平传感器损坏	—	旋挖钻机不能正常工作	仪表检查	更换
				桅杆液压锁坏		旋挖钻机不能正常工作	目测	更换
				桅杆液压油缸损坏或内泄		旋挖钻机不能正常工作	目测	更换油缸密封件
1.4	发动机系统	为旋挖钻机整个系统提供动力	发动机不能启动或启动缓慢	马达的齿牙损坏或弹簧断裂	发动机不能启动	旋挖钻机不能正常工作	目测	更换损坏部件
				电磁线圈或启动马达故障			目测	更换启动马达
				线路松动或腐蚀			目测	清洗并拧紧
			机油压力偏低	机油滤清器或冷却器堵塞	发动机不能启动	旋挖钻机不能正常工作	目测	清洗
				缸体或缸盖的管塞松动或遗失			目测	紧固遗失损坏及时更换
				机油黏度较低；被稀释或达不到技术规范			目测	更换机油
1.5	液压系统	实现机械能与液压能之间的转换以便驱动旋挖钻机各机构工作	液压系统漏油	密封件损坏	液压系统压力不足	旋挖钻机液压系统不能正常工作	目测	更换
				接头松动	液压系统压力不足		目测	定期检查紧固各处接头
				管边破裂或焊管接头油砂眼	液压系统压力不足		目测	及时修复或更换

续表

代码	名称	功能	危险源（点）	危险源（点）分析	危险源（点）影响		检测方法	防护措施
					局部影响	最终影响		
1.5	液压系统	实现机械能与液压能之间的转换以便驱动旋挖钻机各机构工作	油温过高	散热不良	引起机械的热变形，破坏它原有的精度	油温过高，油液黏度下降，导致泄漏增加；使油液变质，产生氧化物质，堵塞液压元件小孔或缝隙，使元件无法正常工作	目测检查	油箱容积应足够大，环境温度过高时应加冷却
				系统卸载回路动作不良	大量压力油从溢流阀回流到油池		目测检查	采用变量泵或者正确的卸荷方式
				泄漏严重	液压油泵做无用功造成设备过热，油温升高		目测检查	管路尽量缩短，避免细长、弯曲，使油液流通顺畅。液压泵及其连接处容易泄漏的地方要加强密封，紧固好连接件
				液压油中进入空气或水分	油温迅速升高，产生振动、噪声	液压工作机构出现振颤、爬行，甚至发生事故	目测检查	检查油位保持正常油量，避免出现空吸现象

5.2 挖 掘 机

针对分析的危险源（点）及风险等级，提出挖掘机的防护措施见表5－2。

表 5－2　　　　　　　挖 掘 机 的 防 护 措 施

代码	名称	功能	危险源（点）	危险源（点）分析	危险源（点）影响		检测方法	防护措施
					局部影响	最终影响		
1.1	工作装置（动臂与铲斗）	用于物料（土壤、泥沙等）挖掘和装卸	动臂工作时抖动并异响	平衡阀故障；动臂变形或润滑不足	动臂不能正常工作	不能完成作业	目测检查	检修或更换平衡阀；校正变形；定期润滑
			工作装置无动作或动作缓慢	发动机转速过低	—	挖掘机不能正常工作或工作效率低	仪表检查	调节发动机转速到正常状态

代码	名称	功能	危险源（点）	危险源（点）分析	危险源（点）影响		检测方法	防护措施
					局部影响	最终影响		
1.1	工作装置（动臂与铲斗）	用于物料（土壤、泥沙等）挖掘和装卸	工作装置无动作或动作缓慢	先导泵溢流阀损坏	先导泵压力异常	挖掘机不能正常工作或工作效率低	目测	及时更换
				主溢流阀损坏或液压泵故障	主泵输出压力异常	挖掘机不能正常工作或工作效率低	目测	及时修复或更换
1.2	回转机构	回转机构使工作装置及上部转台向左或向右回转，以便进行挖掘和卸料	回转系统动作缓慢或不动	控制阀磨损或损坏；减速器齿轮轴承损坏	不能准确迅速回转	无法完成挖掘和卸料	目测检查	更换控制阀或齿轮、轴承
			回转系统游隙过大	减速器齿轮轴承损坏	不能回转	无法完成挖掘和卸料	目测检查	更换齿轮、轴承
1.3	行走机构	改变左、右行走马达的回转方向，实现挖掘机的前进、倒退、原地旋转及转弯的动作	行走跑偏	两侧履带不平行，张力不一致	向一侧跑偏	行走控制困难	仪器检查	调整履带张力、平行度
				单侧行走液压马达、驱动阀内泄漏	向一侧跑偏	行走控制困难	仪表检查	修理或更换液压马达、驱动控制阀
				两侧制动阀压力不一致	向一侧跑偏	行走控制困难	仪表检查	调整两侧制动阀压力一致
1.4	回转支承部分	支承上车回转部分装置	回转异响	回转支承与上机连接螺栓安装不良	连接端面出现间隙，连接件滑移	引起机身二次应力拉大，甚至造成挖掘机倾覆	力矩工具	加强装配质量检查
				转盘轴承装配不良	轴承发热、振动	降低轴承使用寿命	量具检查	
1.5	动力装置	把内燃机的机械能经液压油泵转变为液压能	发动机启动困难或无法启动	启动电路故障，启动开关损坏	发动机无法启动	工作停止	目测检查	检查修复
				喷油器磨损，燃油雾化不好	发动机运转不稳定	工作停止	目测检查	更换喷油器
				活塞、活塞环和气缸套磨损	发动机无法启动	工作停止	目测检查	更换活塞、活塞环、气缸套
				发动机曲轴烧瓦	发动机无法启动	工作停止	目测检查	更换曲轴或轴瓦

续表

代码	名称	功能	危险源（点）	危险源（点）分析	危险源（点）影响		检测方法	防护措施
					局部影响	最终影响		
1.5	动力装置	把内燃机的机械能经液压油泵转变为液压能	发动机启动困难或无法启动	燃油系统中有空气、燃油滤芯堵塞	发动机运转不稳定	工作停止	目测检查	清洗滤芯、排空气体
				输油泵及油路故障	发动机运转不稳定	工作停止	目测检查	及时维修
				燃油中有杂质	发动机运转不稳定	工作停止	目测检查	更换燃油
			工作机构无动作	液压油箱油量不足	液压油泵吸油不足或吸入空气	工作停止	目测检查	检查油位保持正常油量
				发动机与液压油泵的传动连接损坏	液压油泵不工作	工作停止	目测检查	更换连接件
				主油泵损坏	无油压输出	工作停止	目测检查	维修或更换液压泵
				伺服操作系统压力低或无压力	操作失效	工作停止	目测检查	检查有无泄漏、控制阀有无损坏，及时维修更换
1.6	传动机构	把内燃机的机械能转变为液压能，液压马达把液压能转化为机械能驱动各工作机构	传动齿轮轮齿折断	工作时磨损严重产生的冲击与振动	—	挖掘机工作时会造成事故	目测检查	查找原因并更换新齿轮
			齿轮过度磨损	长期使用磨损及安装不正确	承载能力下降，可能导致断齿	挖掘机工作时会造成事故	目测检查	更换新齿轮
			传动轴键槽损坏	键与槽之间松动有间隙，或使用时间过长使键槽发生塑性变形	不能传递扭矩	挖掘机工作时会造成事故	目测检查	修复或更换传动轴
			轴承异响	润滑油过脏、缺油或油过多造成润滑不良或散热不良	轴承使用寿命缩短及损坏	造成轴及轴承座的损坏	目测检查	检查润滑油，必要时更换润滑油或轴承
			减速器发热、振动、异响	缺少润滑油或润滑油过多；轴承破碎，轴承与壳体间有相对转动；轮齿磨损	润滑效果降低，被润滑件使用寿命降低	造成减速器轴和壳体损坏	目测检查	检查润滑油，必要时更换润滑油、轴承和齿轮

续表

代码	名称	功能	危险源（点）	危险源（点）分析	危险源（点）影响		检测方法	防护措施
					局部影响	最终影响		
1.6	传动机构	把内燃机的机械能转变为液压能，液压马达把液压能转化为机械能驱动各工作机构	制动失灵	制动轮和摩擦片上有油污或露天雨雪造成摩擦系数降低	设备运行不能按要求有效停止	挖掘机失控造成事故	目测检查	加强维护，防止制动器进水、进油
				制动轮或摩擦片有严重磨损造成制动力不足			目测检查	定期检查，超限更换
			液压系统振动与噪声	液压油泵吸空	空气进入液压系统产生气穴	产生振动、噪声、爬行	目测检查	液压缸上设置排气装置
				油箱油面太低，液压泵吸不上油	产生噪声	产生振动、噪声、爬行	目测检查	加强进油口密封；并且选用合适黏度的液压油
				液压油泵零件磨损	间隙过大，流量不足，转速过高压力波动	产生振动、噪声、爬行	目测检查	更换液压泵零件
				溢流阀动作失灵	溢流阀的不稳定使得压力波动	产生振动与噪声	目测检查	修理或更换溢流阀
			液压系统油温过高	散热不良	引起机械的热变形，破坏它原有的精度	油温过高，油液黏度下降，导致泄漏增加；使油液变质，产生氧化物质，堵塞液压元件小孔或缝隙，使元件无法正常工作	目测检查	油箱容积应足够大，环境温度过高时应加冷却
				系统卸载回路动作不良	大量压力油从溢流阀回流到油池		目测检查	采用变量泵或者正确的卸荷方式
				泄漏严重	液压泵做无用功造成设备过热，油温升高		目测检查	管路尽量缩短，避免细长、弯曲，使油液流通顺畅。液压泵及其连接处容易泄漏的地方要加强密封，紧固好连接件

续表

代码	名称	功能	危险源（点）	危险源（点）分析	危险源（点）影响		检测方法	防护措施
					局部影响	最终影响		
1.6	传动机构	把内燃机的机械能转变为液压能，液压马达把液压能转化为机械能驱动各工作机构	液压系统油温过高	高压油中进入空气或水分	油温迅速升高，产生振动、噪声	液压工作机构出现振颤、爬行，甚至发生事故	目测检查	检查油位保持正常油量，避免出现空吸现象
			液压油变质	液压系统装配中残留了铁屑、焊渣、毛刺	液压油泵、阀接合面被磨损、阻尼孔及滤油器被堵塞	元件损坏引发各类问题，甚至导致发生事故	目测检查	液压系统管路装配前进行严格的清洗、酸洗，组装后进行全面的清洗；对外露件应装防尘密封，接头应密封好。用滤油车给油箱加油；定期更换油液
				液压系统中相对运动的部件产生的磨损微粒，造成液压油的变质	液压件接合面被磨损、阻尼孔及滤油器被堵塞	元件损坏引发各类问题，甚至导致发生事故	目测检查	
				液压油中混入空气、水分	产生气蚀现象，液压冲击、噪声	液压件损坏	目测检查	
1.7	操作机构	通过操纵操作室中相应的控制杆和开关控制阀，从而控制相应的机构	操作手柄失效	手柄与控制阀连接件损坏	无法操作	挖掘机作业过程中发生可能导致伤害事故	目测检查	修复或更换连接件

5.3 抱　杆

（1）抱杆本体安全防护措施。针对分析的危险源（点）及风险等级，提出抱杆本体的防护措施见表5−3。

表 5-3　　　　　　　　　　　　　　　抱杆本体的防护措施

代码	名称	功能	危险源（点）	危险源（点）分析	危险源（点）影响		检测方法	防护措施
					局部影响	最终影响		
1.1	抱杆身	塔件提升支承体	杆体锈蚀	长期露天存放，雨雪侵蚀与酸碱盐等腐蚀性物堆放在一起	—	降低抱杆身的支承强度	目测	加强日常维护保养
			各节间连接螺栓松动	安装不良	杆体晃动	螺丝断裂或脱落，杆体弯曲	目测	更换螺栓，加强日常检查
			杆体焊缝裂纹、脱焊	制造缺陷或非正常受力	降低支承强度	杆体断裂导致事故	目测	修复或更换
			主材、斜材断裂	材质问题或制造缺陷存放运输中被冲撞、挤压	降低支承强度	杆体断裂导致事故	目测	更换
			杆体弯曲、扭曲	存放、运输中被冲撞、挤压	降低支承强度	弯曲增大导致事故	目测测量	超限更换
1.2	抱杆头	引导起吊物就位	杆头导向轮转动不灵活	轮轴、轮轴套缺油	转动不灵活	加快轮轴磨损	目测	定期润滑
				恶劣天气造成锈蚀	加快磨损	导向轮损坏造成事故	目测测量	定期润滑
			杆头导向滑轮轮槽磨损	导向轮使用时间过长	钢丝绳不稳定	轮槽损坏钢丝绳跳绳	目测测量	超限更换
				轮与钢丝绳规格不匹配	加快磨损	轮槽损坏钢丝绳跳绳	目测测量	更换钢丝绳
1.3	抱杆底座	固定支承抱杆	底座锈蚀	长期露天存放，雨雪侵蚀与酸碱盐等腐蚀性物堆放在一起	底座绳孔变粗糙	磨损钢丝绳	目测	加强日常维护保养

（2）承托系统防护措施。针对分析的危险源（点）及风险等级，提出抱杆承托系统的防护措施见表 5-4。

表 5-4　　　　　　　　　　　　　　　承托系统的防护措施

代码	名称	功能	危险源（点）	危险源（点）分析	危险源（点）影响		检测方法	防护措施
					局部影响	最终影响		
2.1	承托绳	承托抱杆的下压力	有锈蚀或磨损	日常维护保养不到位	钢丝绳强度下降	钢丝绳断裂、抱杆倾斜或倒塌	目测	除锈或更换

续表

代码	名称	功能	危险源（点）	危险源（点）分析	危险源（点）影响		检测方法	防护措施
					局部影响	最终影响		
2.1	承托绳	承托抱杆的下压力	绳芯损坏或绳股挤出、断裂	维护保养不到位、搬运或安装时被硬物磨损	钢丝绳断裂	抱杆倾斜或倒塌	目测	更换
			笼状畸形、严重扭结或弯折	维护保养不到位、搬运或安装时被硬物磨损	钢丝绳断裂	抱杆倾斜或倒塌	目测	更换
			压扁严重，断面缩小	维护保养不到位、搬运或安装时被硬物磨损	钢丝绳断裂	抱杆倾斜或倒塌	目测或工具测量	更换
2.2	平衡滑车	保证抱杆在起吊过程中下拉线受力均匀	轮槽、轮轴、拉板、吊钩等部有裂缝、损伤	使用中过载或在存放、运输中被重物冲撞	降低载荷能力	破裂造成事故	目测	定期检查，发现破损及时更换
			转动部位转动不灵活	恶劣环境下锈蚀或润滑不足	轮轴磨损	轮轴过度磨损损坏，或轮轴锈死	目测	定期注油润滑
			紧固螺栓松动	长期使用自然磨损或受外力松动	各部件间隙加大，造成零件轴向窜动	紧固螺栓脱落，造成事故	目测	定期检查紧固
			滑轮槽面磨损	滑轮使用时间过长	钢丝绳不稳定	轮槽损坏钢丝绳跳绳	目测测量	超限更换
				轮槽与钢丝绳规格不匹配	加快磨损	轮槽损坏钢丝绳跳绳	目测测量	更换钢丝绳
			滑轮轮缘部分损伤	存放、运输、使用中受重物冲撞或选用钢丝绳不匹配	形成缺口钢丝绳跳绳	滑轮损坏造成事故	目测测量	及时更换
			轮轴、轮轴套磨损	锈蚀或润滑不足	转动不灵活	轮轴过度磨损损坏	目测测量	及时更换
2.3	手扳葫芦	用于设备安装，物品起吊、机件、绳索牵拉等	部件锈蚀	润滑不足，存放地点潮湿或有腐蚀物	使用不灵活，费力	磨损过度损坏	目测	更换
			制动器打滑	制动器的摩擦面进油或水	葫芦打滑	滑链事故	目测	加强防护，保证制动器摩擦面干净整洁

续表

代码	名称	功能	危险源（点）	危险源（点）分析	危险源（点）影响		检测方法	防护措施
					局部影响	最终影响		
2.3	手扳葫芦	用于设备安装，物品起吊、机件、绳索牵拉等	部件裂纹	使用、运输、存放中受外力碰撞、压砸	拉紧能力下降	部件破裂起吊事故	目测测量	超限更换
			链条扭曲变形	使用、运输、存放中受外力碰撞、压砸	出现卡死现象	链条断裂事故	目测测量	更换
2.4	塔身承托器	承托绳与塔体间的连接装置	有锈蚀或磨损	日常维护保养不到位	加快钢丝绳的磨损	钢丝绳或绳环断裂造成事故	目测	更换

（3）提升系统防护措施。针对分析的危险源（点）及风险等级，提出抱杆提升系统的防护措施见表 5−5。

表 5−5　　　　　　　　　　提升系统的防护措施

代码	名称	功能	危险源（点）	危险源（点）分析	危险源（点）影响		检测方法	防护措施
					局部影响	最终影响		
3.1	提升滑车组	在提升抱杆的过程中起省力或承重的作用	轮槽、轮轴、拉板、吊钩等部有裂缝、损伤	使用中过载或在存放、运输中被重物冲撞	降低载荷能力	破裂造成事故	目测	定期检查，发现破损及时更换
			转动部位转动不灵活	恶劣环境下锈蚀或润滑不足	轮轴磨损	轮轴过度磨损损坏，或轮轴锈死磨损钢丝绳	目测	定期注油润滑
			紧固螺栓松动	长期使用自然磨损或受外力松动	各部件间隙加大，造成零件轴向窜动	紧固螺栓脱落，造成事故	目测	定期检查紧固
			滑轮槽面磨损	滑轮使用时间过长	钢丝绳不稳定	轮槽损坏钢丝绳跳绳	目测测量	超限更换
				轮槽与钢丝绳规格不匹配	加快磨损	轮槽损坏钢丝绳跳绳	目测测量	更换钢丝绳
			滑轮轮缘部分损伤	存放、运输、使用中受重物冲撞或选用钢丝绳不匹配	形成缺口钢丝绳跳绳	滑轮损坏造成事故	目测测量	及时更换
			轮轴、轮轴套磨损	恶劣环境下锈蚀或润滑不足	转动不灵活	轮轴过度磨损损坏	目测测量	及时更换

续表

代码	名称	功能	危险源（点）	危险源（点）分析	危险源（点）影响		检测方法	防护措施
					局部影响	最终影响		
3.2	提升绳	提升抱杆	有锈蚀或磨损	日常维护保养不到位	钢丝绳强度下降	钢丝绳断裂造成事故	目测	表面定期涂油
			绳芯损坏或绳股挤出、断裂	维护保养不到位、搬运或安装时被硬物磨损	钢丝绳断裂	钢丝绳断裂造成事故	目测	更换
			笼状畸形、严重扭结或弯折	维护保养不到位、搬运或安装时被硬物磨损	钢丝绳断裂	钢丝绳断裂造成事故	目测	更换
			压扁严重，断面缩小	维护保养不到位、搬运或安装时被重物冲撞	钢丝绳承载能力下降	钢丝绳断裂造成事故	目测或工具测量	更换
3.3	腰环	提升抱杆时稳定抱杆	有锈蚀或磨损	日常维护保养不到位	钢丝绳强度下降	钢丝绳断裂、抱杆倾斜或倒塌	目测	除锈或更换
			绳芯损坏或绳股挤出、断裂	维护保养不到位、搬运或安装时被硬物磨损	钢丝绳断裂	抱杆倾斜或倒塌	目测	更换
			笼状畸形、严重扭结或弯折	维护保养不到位、搬运或安装时被硬物磨损	钢丝绳断裂	抱杆倾斜或倒塌	目测	更换
			压扁严重，断面缩小	维护保养不到位、搬运或安装时被硬物磨损	钢丝绳断裂	抱杆倾斜或倒塌	目测或工具测量	更换
3.4	牵引设备（绞磨）	用卷筒缠绕钢丝绳或链条以提升或牵引重物	钢丝绳重叠和斜绕	钢丝绳抖动跳绳	钢丝绳抖动跳绳	起吊钢丝绳骤然受冲击力断裂	目测	注意观察，严防钢丝绳重叠和斜绕
			钢丝绳打结、扭绕	钢丝绳不稳	钢丝绳不稳	起吊钢丝绳骤然受冲击力断裂	目测	禁止在钢丝绳打结、扭绕时起吊
			传动带破损	传动丢转	传动丢转	传动骤停	目测	正确选用安装，破损及时更换
			轴承过热	加速机件磨损	加速机件磨损	轴承损坏	目测检查	定期换润滑油
				加速轴承磨损	加速轴承磨损	轴承损坏	目测检查	及时更换轴承

续表

代码	名称	功能	危险源（点）	危险源（点）分析	危险源（点）影响		检测方法	防护措施
					局部影响	最终影响		
3.4	牵引设备（绞磨）	用卷筒缠绕钢丝绳或链条以提升或牵引重物	卷扬机制动器失灵	无法制动	无法制动	造成起重事故	目测检查	及时更换闸瓦
				制动打滑	制动打滑	造成起重事故	目测检查	做好防护，防止制动器进油水

（4）起吊系统防护措施。针对分析的危险源（点）及风险等级，提出抱杆起吊系统的防护措施见表 5-6。

表 5-6　　　　　　　　　　起吊系统的防护措施

代码	名称	功能	危险源（点）	危险源（点）分析	危险源（点）影响		检测方法	防护措施
					局部影响	最终影响		
4.1	导向滑轮	在起吊过程中控制钢丝绳的走向	轮槽、轮轴、拉板、吊钩等部有裂缝、损伤	使用中过载或在存放、运输中被重物冲撞	降低载荷能力	破裂造成事故	目测	定期检查，发现破损及时更换
			转动部位转动不灵活	恶劣环境下锈蚀或润滑不足	轮轴磨损	轮轴过度磨损损坏，或轮轴锈死磨损钢丝绳	目测	定期注油润滑
			紧固螺栓松动	长期使用自然磨损或受外力松动	各部件间隙加大，造成零件轴向窜动	紧固螺栓脱落，造成事故	目测	定期检查紧固
			滑轮槽面磨损过深	使用频率高或选用钢丝绳不匹配	钢丝绳不稳定、加快磨损	轮槽损坏钢丝绳跳绳	目测测量	更换钢丝绳
			滑轮轮缘部分损伤	存放、运输、使用中受重物冲撞或选用钢丝绳不匹配	形成缺口钢丝绳跳绳	导向轮损坏造成事故	目测测量	及时更换
			轮轴、轮轴套磨损	恶劣环境下锈蚀或润滑不足	转动不灵活	轮轴过度磨损损坏	目测测量	及时更换

续表

代码	名称	功能	危险源（点）	危险源（点）分析	危险源（点）影响		检测方法	防护措施
					局部影响	最终影响		
4.2	腰滑车	使牵引钢丝绳从塔内规定方向引至转向滑车，并使牵引钢绳在抱杆两侧保持平衡，尽量减少由于牵引钢丝绳在抱杆两侧的夹角不同而产生的水平力	轮槽、轮轴、拉板、吊钩等部有裂缝、损伤	使用中过载或在存放、运输中被重物冲撞	降低载荷能力	破裂造成事故	目测	定期检查，发现破损及时更换
			转动部位转动不灵活	恶劣环境下锈蚀或润滑不足	轮轴磨损	轮轴过度磨损损坏，或轮轴锈死磨损钢丝绳	目测	定期注油润滑
			紧固螺栓松动	长期使用自然磨损或受外力松动	各部件间隙加大，造成零件轴向窜动	紧固螺栓脱落，造成事故	目测	定期检查紧固
			滑轮槽面磨损过深	使用频率高或选用钢丝绳不匹配	钢丝绳不稳定、加快磨损	轮槽损坏钢丝绳跳绳	目测测量	更换钢丝绳
			滑轮轮缘部分损伤	存放、运输、使用中受重物冲撞或选用钢丝绳不匹配	形成缺口钢丝绳跳绳	导向轮损坏造成事故	目测测量	及时更换
			轮轴、轮轴套磨损	恶劣环境下锈蚀	转动不灵活	轮轴过度磨损损坏	目测测量	及时更换
4.3	起吊滑车	动滑车在起重作业中起省力和承重的作用	轮槽、轮轴、拉板、吊钩等部有裂缝、损伤	使用中过载或在存放、运输中被重物冲撞	降低载荷能力	破裂造成事故	目测	定期检查，发现破损及时更换
			转动部位转动不灵活	恶劣环境下锈蚀或润滑不足	轮轴磨损	轮轴过度磨损损坏，或轮轴锈死磨损钢丝绳	目测	定期注油润滑
			紧固螺栓松动	长期使用自然磨损或受外力松动	各部件间隙加大，造成零件轴向窜动	紧固螺栓脱落，造成事故	目测	定期检查紧固
			滑轮槽面磨损过深	使用频率高或选用钢丝绳不匹配	钢丝绳不稳定、加快磨损	轮槽损坏钢丝绳跳绳	目测测量	更换钢丝绳

续表

代码	名称	功能	危险源（点）	危险源（点）分析	危险源（点）影响		检测方法	防护措施
					局部影响	最终影响		
4.3	起吊滑车	动滑车在起重作业中起省力和承重的作用	滑轮轮缘部分损伤	存放、运输、使用中受重物冲撞或选用钢丝绳不匹配	形成缺口钢丝绳跳绳	导向轮损坏造成事故	目测测量	及时更换
			轮轴、轮轴套磨损	恶劣环境下锈蚀或润滑不足	转动不灵活	轮轴过度磨损损坏	目测测量	及时更换
4.4	绞磨	用卷筒缠绕钢丝绳或链条以提升或牵引重物	钢丝绳重叠和斜绕	钢丝绳抖动跳绳	钢丝绳抖动跳绳	起吊钢丝绳骤然受冲击力断裂	目测	注意观察，严防钢丝绳重叠和斜绕
			钢丝绳打结、扭绕	钢丝绳不稳	钢丝绳不稳	起吊钢丝绳骤然受冲击力断裂	目测	禁止在钢丝绳打结、扭绕时起吊
			传动带破损	传动丢转	传动丢转	传动骤停	目测	正确选用安装，破损及时更换
			轴承过热	加速机件磨损	加速机件磨损	轴承损坏	目测检查	定期换润滑油
				加速轴承磨损	加速轴承磨损	轴承损坏	目测检查	及时更换轴承
			卷扬机制动器失灵	无法制动	无法制动	造成起重事故	目测检查	及时更换闸瓦
				制动打滑	制动打滑	造成起重事故	目测检查	做好防护，防止制动器进油水
4.5	控制绳	防止起吊塔件碰撞组塔体	有锈蚀或磨损	日常维护保养不到位	钢丝绳强度下降	钢丝绳断裂、起吊塔件不稳撞击组塔	目测	除锈或更换
			绳芯损坏或绳股挤出、断裂	维护保养不到位、搬运或安装时被硬物磨损	钢丝绳断裂	起吊塔件不稳撞击组塔	目测	更换
			笼状畸形、严重扭结或弯折	维护保养不到位、搬运或安装时被硬物磨损	钢丝绳断裂	起吊塔件不稳撞击组塔	目测	更换
			压扁严重，断面缩小	维护保养不到位、搬运或安装时被硬物磨损	钢丝绳断裂	起吊塔件不稳撞击组塔	目测或工具测量	更换

代码	名称	功能	危险源（点）	危险源（点）分析	危险源（点）影响		检测方法	防护措施
					局部影响	最终影响		
4.6	起吊绳	起吊塔件	有锈蚀或磨损	日常维护保养不到位	钢丝绳强度下降	钢丝绳断裂报废	目测	除锈或更换
			绳芯损坏或绳股挤出、断裂	维护保养不到位、搬运或安装时被硬件磨损、起吊塔件过重	钢丝绳断裂	钢丝绳断裂报废、起吊塔件掉落	目测	更换
			笼状畸形、严重扭结或弯折	维护保养不到位、搬运或安装时被硬件磨损、起吊塔件过重	钢丝绳断裂	钢丝绳断裂报废、起吊塔件掉落	目测	更换
			压扁严重，断面缩小	维护保养不到位、搬运或安装时被硬件磨损	钢丝绳断裂	钢丝绳断裂报废、起吊塔件掉落	目测或工具测量	更换
4.7	吊点绳	塔件与起吊绳间的连接绳	有锈蚀或磨损	日常维护保养不到位	钢丝绳强度下降	钢丝绳断裂报废	目测	除锈或更换
			绳芯损坏或绳股挤出、断裂	维护保养不到位、搬运或安装时被硬件磨损、起吊塔件过重	钢丝绳断裂	钢丝绳断裂报废、起吊塔件掉落	目测	更换
			笼状畸形、严重扭结或弯折	维护保养不到位、搬运或安装时被硬件磨损、起吊塔件过重	钢丝绳断裂	钢丝绳断裂报废、起吊塔件掉落	目测	更换
			压扁严重，断面缩小	维护保养不到位、搬运或安装时被硬件磨损	钢丝绳断裂	钢丝绳断裂报废、起吊塔件掉落	目测或工具测量	更换

（5）拉线系统防护措施。针对分析的危险源（点）及风险等级，提出抱杆拉线系统的防护措施见表5-7。

表 5-7 拉线系统的防护措施

代码	名称	功能	危险源（点）	危险源（点）分析	危险源（点）影响		检测方法	防护措施
					局部影响	最终影响		
5.1	拉线	固定与稳定抱杆	有锈蚀或磨损	日常维护保养不到位	钢丝绳强度下降	钢丝绳断裂、抱杆倾斜或倒塌	目测	除锈或更换
			绳芯损坏或绳股挤出、断裂	维护保养不到位、搬运时被硬件磨损	钢丝绳断裂	抱杆倾斜或倒塌	目测	更换
			笼状畸形、严重扭结或弯折	维护保养不到位、搬运或安装时被硬件磨损、错误的提升抱杆	钢丝绳断裂	抱杆倾斜或倒塌	目测	更换
			压扁严重，断面缩小	维护保养不到位、搬运或安装时被硬件磨损、错误的提升抱杆	钢丝绳断裂	抱杆倾斜或倒塌	目测或工具测量	更换
5.2	地锚	起重作业中用来固定拖拉绳、缆风绳、卷扬机、导向滑轮等	裂纹损伤	在架设、存放、运输中受外力撞击	承载能力下降	地锚断裂，抱杆倾斜倒倾	目测	严格按设计进行制作，并做好隐蔽工程记录，使用时不准超载
5.3	拉线调节器	索具连接	变形损伤	在使用、存放、运输中受外力撞击	调整范围受限	螺杆卡死不能使用	目测	使用、存放、运输过程中避免挤压碰撞

（6）摇臂系统防护措施。针对分析的危险源（点）及风险等级，提出抱杆摇臂系统的防护措施见表 5-8。

表 5-8 摇臂系统的防护措施

代码	名称	功能	危险源（点）	危险源（点）分析	危险源（点）影响		检测方法	防护措施
					局部影响	最终影响		
6.1	摇臂本体	起吊塔件的支承体	摇臂本体锈蚀	长期露天存放，雨雪侵蚀与酸碱盐等腐蚀性物堆放在一起	摇臂本体支承强度下降	摇臂断裂导致事故	目测	加强日常维护保养

输变电工程施工装备安全防护手册

续表

代码	名称	功能	危险源（点）	危险源（点）分析	危险源（点）影响		检测方法	防护措施
					局部影响	最终影响		
6.1	摇臂本体	起吊塔件的支承体	主材或斜材断裂	材质问题或制造缺陷，存放运输中被冲撞、挤压	降低支承强度	摇臂断裂导致事故	目测	更换
6.2	导向轮	在起吊过程中控制钢丝绳的走向	轮槽、轮轴、拉板、吊钩等部有裂缝、损伤	使用中过载或在存放、运输中被重物冲撞	降低载荷能力	破裂造成事故	目测	定期检查，发现破损及时更换
			转动部位转动不灵活	恶劣环境下锈蚀或润滑不足	轮轴磨损	轮轴过度磨损损坏，或轮轴锈死磨损钢丝绳	目测	定期注油润滑
			紧固螺栓松动	长期使用自然磨损或受外力松动	各部件间隙加大，造成零件轴向窜动	紧固螺栓脱落，造成事故	目测	定期检查紧固
			滑轮槽面磨损过深	使用频率高或选用钢丝绳不匹配	钢丝绳不稳定、加快磨损	轮槽损坏钢丝绳跳绳	目测测量	更换钢丝绳
			滑轮轮缘部分损伤	存放、运输、使用中受重物冲撞或选用钢丝绳不匹配	形成缺口钢丝绳跳绳	导向轮损坏造成事故	目测测量	及时更换
			轮轴、轮轴套磨损	恶劣环境下锈蚀或润滑不足	转动不灵活	轮轴过度磨损损坏	目测测量	及时更换
6.3	铰链	摇臂与抱杆间的连接部件	缺油磨损	日常维护保养不到位	铰链灵活性降低	摇臂与抱杆间的连接松动	目测	加强维护或更换

（7）附件与工具系统防护措施。针对分析的危险源（点）及风险等级，提出抱杆附件与工具系统的防护措施见表5-9。

104

表 5 – 9　　　　　　　　　　附件与工具系统的防护措施

代码	名称	功能	危险源（点）	危险源（点）分析	危险源（点）影响		检测方法	防护措施
					局部影响	最终影响		
7.1	人字抱杆	用于电力输配线路施工过程中立杆组塔或吊装作业	杆体锈蚀	长期露天存放，雨雪侵蚀与酸碱盐等腐蚀性物堆放在一起	—	抱杆身的支承强度降低造成事故	目测	加强日常维护保养
7.2	构件连接螺栓	连接部件	螺纹损伤或螺杆弯曲	存放、使用、运输中受外力冲撞挤压	无法使用	无法使用	目测	更换
7.3	千斤顶	顶举重物	泄油阀漏油	丝扣或密封损坏	顶举后不能自锁	重物骤降	目测	更换泄油阀调节螺栓
			油缸顶漏油	使用时超载或超高造成密封损坏	顶举吃力	不能顶举重物	目测	更换主活塞密封
7.4	卸扣	索具连接	扣体变形	材质或制造不良	牵拉能力低	卸扣损坏造成事故	目测	卸扣应是锻造的
				超载	—	卸扣损坏造成事故	目测	按额定载荷使用
				使用中受横向力	牵拉能力降低	卸扣报废	目测	应使销轴与扣顶受力，不能横向受力
			扣体和插销磨损	过度使用或在使用、存放、运输中受巨大外力撞击	降低牵拉能力	卸扣损坏造成事故	目测	定期检查润滑
7.5	双钩紧线器	索具连接	变形损伤	在使用、存放、运输中受外力撞击	调整范围受限	螺杆卡死不能使用	目测	使用、存放、运输过程中避免挤压碰撞

（8）安全防护系统防护措施。针对分析的危险源（点）及风险等级，提出抱杆安全防护系统的防护措施见表 5 – 10。

表 5－10 安全防护系统的防护措施

代码	名称	功能	危险源（点）	危险源（点）分析	危险源（点）影响		检测方法	防护措施
					局部影响	最终影响		
8.1	风速测量仪	测定施工现场风向、风速，确保安全施工	仪器内电源电压检测线路损坏	人员误操作	测量数据不准确	影响现场施工人员对风速的判断	工具测量	使用前检查，加强仪器的维护保养
8.2	力矩限制器	控制抱杆在起吊塔件时不得超过最大额定起重力矩，防止超载	调节螺栓或限位开关损坏	日常检查和维护保养不到位	力矩限制器损坏	起吊超载造成事故	目测	加强日常检查维护
8.3	吊件重量限制器	控制起吊物的重量，防止超载	导向滑轮转动不灵活	轮轴、轮轴套缺油	转动不灵活	重量限制器损坏	目测	定期润滑
				恶劣天气造成锈蚀	加快磨损	重量限制器损坏	目测	超限更换

5.4 货 运 索 道

（1）工作索系统防护措施。针对分析的危险源（点）及风险等级，提出索道工作索系统的防护措施见表 5－11。

表 5－11 工作索系统的防护措施

代码	名称	功能	危险源（点）	危险源（点）分析	危险源（点）影响		检测方法	防护措施
					局部影响	最终影响		
1.1	承载索	运输物件的轨道，并承受其荷载的绳索	有锈蚀或磨损	日常维护保养不到位	钢丝绳强度下降	钢丝绳断裂	目测	除锈或更换
			绳芯损坏或绳股挤出、断裂	搬运、安装、工作时被挤压磨损	钢丝绳断裂	跳绳或运输物料坠落造成事故	目测	更换
			笼状畸形、严重扭结或弯折	搬运、安装、工作时被挤压磨损	钢丝绳强度下降	跳绳或运输物料坠落造成事故	目测	更换

续表

代码	名称	功能	危险源(点)	危险源(点)分析	危险源(点)影响		检测方法	防护措施
					局部影响	最终影响		
1.1	承载索	运输物件的轨道,并承受其荷载的绳索	压扁严重,断面缩小	搬运、安装、工作时被挤压磨损	钢丝绳强度下降	跳绳或运输物件坠落造成事故	目测或工具测量	更换
1.2	返空索	运输车辆空车运行轨道	有锈蚀或磨损	日常维护保养不到位	钢丝绳强度下降	钢丝绳断裂	目测	除锈或更换
			绳芯损坏或绳股挤出、断裂	搬运、安装、工作时被挤压磨损	钢丝绳断裂	跳绳造成事故	目测	更换
			笼状畸形、严重扭结或弯折	搬运、安装、工作时被挤压磨损	钢丝绳强度下降	跳绳造成事故	目测	更换
			压扁严重,断面缩小	搬运、安装、工作时被挤压磨损	钢丝绳强度下降	跳绳造成事故	目测或工具测量	更换
1.3	牵引索	牵引运输物件的绳索	有锈蚀或磨损	日常维护保养不到位	钢丝绳强度下降	钢丝绳断裂	目测	除锈或更换
			绳芯损坏或绳股挤出、断裂	搬运、安装、工作时被挤压磨损	钢丝绳断裂	跳绳或运输物料坠落造成事故	目测	更换
			笼状畸形、严重扭结或弯折	搬运、安装、工作时被挤压磨损	钢丝绳强度下降	跳绳或运输物料坠落造成事故	目测	更换
			压扁严重,断面缩小	搬运、安装、工作时被挤压磨损	钢丝绳强度下降	跳绳或运输物料坠落造成事故	目测或工具测量	更换

（2）支架系统防护措施。针对分析的危险源（点）及风险等级，提出索道支架索系统的防护措施见表 5-12。

107

表 5－12   支架系统的防护措施

代码	名称	功能	危险源（点）	危险源（点）分析	危险源（点）影响		检测方法	防护措施
					局部影响	最终影响		
2.1	支架	支持承载索和牵引索的构架	锈蚀损伤	长期露天存放，风雨侵蚀或与酸碱盐等腐蚀性物堆放在一起	降低支腿机械强度	支腿严重锈蚀报废	目测检查	加强日常维护保养，定期除锈刷漆
			焊缝裂纹、开焊，损伤	在架设、存放、运输中受外力撞击	降低支架机械强度及稳定性	支架倒塌	目测检查	架设、存放、运输中避免外力撞击。出现损伤及时修复或更换
			各节间连接螺栓松动	安装不良	支架不稳定	支架弯曲倒塌	目测检查	安装完毕，正式使用前应对所有螺栓进行检查紧固
2.2	托索轮	将承载绳索固定在支架上并支承牵引绳索	轮槽、轮轴、拉板等部有裂缝、损伤	使用中过载或在存放、运输中被重物冲撞	降低载荷能力	破裂造成事故	目测	定期检查，发现破损及时更换
			转动部位转动不灵活	恶劣环境下锈蚀或润滑不足	轮轴磨损	轮轴过度磨损损坏，或轮轴锈死磨损钢丝绳	目测	定期注油润滑
			紧固螺栓松动	长期使用自然磨损或受外力松动	各部件间隙加大，造成零件轴向窜动	紧固螺栓脱落，造成事故	目测	定期检查紧固
			滑轮轮缘部分损伤	存放、运输、使用中受重物冲撞	形成缺口引发钢丝绳跳绳	滑轮损坏造成事故	目测测量	及时更换
			轮轴、轮轴套磨损	恶劣环境下锈蚀或润滑不足	转动不灵活	轮轴过度磨损损坏	目测测量	及时更换
2.3	支承器	用来支承承载索、返空索、牵引索	本体变形	使用中受重物冲撞	鞍座槽与下滚轮槽不垂直平行	承载索、返空索、牵引索跳绳	目测测量	及时修理更换

续表

代码	名称	功能	危险源（点）	危险源（点）分析	危险源（点）影响		检测方法	防护措施
					局部影响	最终影响		
2.3	支承器	用来支承承载索、返空索、牵引索	鞍座、滚轮槽缘过度磨损	锈蚀转动不灵活，使用过于频繁	钢丝绳不稳	承载索、返空索、牵引索跳绳	目测测量	及时维修更换
			连接轴过度磨损	使用频次过高、锈蚀，润滑不良	支承器变形、鞍座槽与下滚轮槽不垂直平行	承载索、返空索、牵引索跳绳	目测测量	及时维修更换
2.4	拉线	固定稳定支架	紧线器裂纹变形	在架设、存放、运输中受外力撞击	机械强度降低	紧线器断裂，拉线失效，支架晃动	目测检查	避免在架设、存放、运输中受外力撞击
			地锚设置缺陷	（1）使用卧式地锚时，地锚套引出方向未开挖马道，或马道与受力方向不一致；（2）利用树木或外露岩石作牵引或制动等主要受力锚桩；（3）一根锚桩上的临时拉线超过2根	拉线不稳	锚桩脱落，支架晃动	目测检查	（1）地锚套引出方向应开挖马道，马道与受力方向应一致；（2）不得利用树木或外露岩石作牵引或制动等主要受力锚桩；（3）一根锚桩上的临时拉线不得超过2根
			拉线钢丝绳损伤	锈蚀，受外力挤压撞击，高温烧灼	机械强度降低	拉线钢丝绳断裂，支架晃动	目测检查	更换

　　（3）货车系统防护措施。针对分析的危险源（点）及风险等级，提出索道货车系统的防护措施见表 5－13。

109

表 5-13　　　　　　　　　　货车系统的防护措施

代码	名称	功能	危险源（点）	危险源（点）分析	危险源（点）影响		检测方法	防护措施
					局部影响	最终影响		
3.1	夹索器	将运货小车固定在牵引绳上	螺栓松动	长期使用自然磨损或受外力松动	夹索器打滑，影响物料运输	运货小车掉落造成事故	目测	定期更换螺栓
			绳槽磨损	使用时间过长或与选用的绳索不匹配	夹索器打滑，影响物料运输	牵引绳磨损强度降低	目测	超限更换
3.2	起重葫芦	进行提升、牵引、下降、校准等作业的起重工具	部件锈蚀	润滑不足，存放地点潮湿或有腐蚀物	使用不灵活，费力	磨损过度损坏	目测	更换
			制动器打滑	制动器的摩擦面进油或水	葫芦打滑	滑链事故	目测	加强防护，保证制动器摩擦面干净整洁
			部件裂纹	使用、运输、存放中受外力碰撞、压砸	拉紧能力下降	部件破裂起吊事故	目测测量	超限更换
			链条扭曲变形	使用、运输、存放中受外力碰撞、压砸	出现卡死现象	链条断裂事故	目测测量	更换
3.3	行走式滑车	在索道上承载运输重物	轮槽、轮轴、拉板、吊钩等部有裂缝、损伤	使用中过载或在存放、运输中被重物冲撞	降低载荷能力	破裂造成事故	目测	定期检查，发现破损及时更换
			转动部位转动不灵活	恶劣环境下锈蚀或润滑不足	轮轴磨损	轮轴过度磨损损坏，或轮轴锈死磨损钢丝绳	目测	定期注油润滑
			紧固螺栓松动	长期使用自然磨损或受外力松动	各部件间隙加大，造成零件轴向窜动	紧固螺栓脱落，造成事故	目测	定期检查紧固
			滑轮槽面磨损	滑轮使用时间过长	钢丝绳不稳定	行走式滑车脱落造成事故	目测测量	更换滑轮
				轮槽与钢丝绳规格不匹配	加快磨损	行走式滑车脱落造成事故	目测测量	更换滑轮

续表

代码	名称	功能	危险源（点）	危险源（点）分析	危险源（点）影响		检测方法	防护措施
					局部影响	最终影响		
3.3	行走式滑车	在索道上承载运输重物	滑轮轮缘部分损伤	存放、运输、使用中受重物冲撞或选用钢丝绳不匹配	形成缺口钢丝绳跳绳	滑轮损坏造成事故	目测测量	更换滑轮
			轮轴、轮轴套磨损	恶劣环境下锈蚀或润滑不足	转动不灵活	轮轴过度磨损损坏	目测测量	更换滑轮

（4）驱动系统防护措施。针对分析的危险源（点）及风险等级，提出索道驱动系统的防护措施见表 5-14。

表 5-14　　　　　　　驱动系统的防护措施

代码	名称	功能	危险源（点）	危险源（点）分析	危险源（点）影响		检测方法	防护措施
					局部影响	最终影响		
4.1	绞磨	用卷筒缠绕钢丝绳或链条以牵引运输车辆	钢丝绳重叠和斜绕	钢丝绳抖动跳绳	钢丝绳抖动跳绳	牵引绳骤然受冲击力断裂	目测	注意观察，严防钢丝绳重叠和斜绕
			钢丝绳打结、扭绕	操作不当	钢丝绳不稳	牵引绳骤然受冲击力断裂	目测	禁止在钢丝绳打结、扭绕时起吊
			传动带破损	使用时间过长、选用皮带型号不符	传动丢转	传动骤停	目测	正确选用安装，破损及时更换
			轴承过热	轴承老化、润滑油过脏	加速机件磨损	轴承损坏	目测检查	定期换润滑油
				轴承老化、润滑油过脏	加速轴承磨损	轴承损坏	目测检查	及时更换轴承
			卷扬机制动器失灵	制动片过度磨损	无法制动	造成起重事故	目测检查	及时更换闸瓦
				进水进油	制动打滑	造成起重事故	目测检查	做好防护，防止制动器进油水

输变电工程施工装备安全防护手册

（5）拉线系统防护措施。针对分析的危险源（点）及风险等级，提出索道拉线系统的防护措施见表 5-15。

表 5-15　　　　　　拉线系统的防护措施

代码	名称	功能	危险源(点)	危险源(点)分析	危险源（点）影响		检测方法	防护措施
					局部影响	最终影响		
5.1	地锚	货运索道作业中用来固定承载索、返空索、导向滑轮、支架等	地锚设置缺陷	（1）使用卧式地锚时，地锚套引出方向未开挖马道，或马道与受力方向不一致；（2）利用树木或外露岩石作牵引或制动等主要受力锚桩；（3）一根锚桩上的临时拉线超过2根	拉线不稳	锚桩脱落，支架晃动	目测检查	（1）地锚套引出方向应开挖马道，马道与受力方向应一致；（2）不得利用树木或外露岩石作牵引或制动等主要受力锚桩；（3）一根锚桩上的临时拉线不得超过2根
			裂纹损伤	在架设、存放、运输中受外力撞击	承载能力下降	地锚断裂，固定的绳索跳绳或支架倒塌	目测	严格按设计进行制作，并做好隐蔽工程记录，使用时不准超载
5.2	双钩紧线器	索具连接	变形损伤	在使用、存放、运输中受外力撞击	调整范围受限	螺杆卡死不能使用	目测	使用、存放、运输过程中避免挤压碰撞

（6）附件与工具系统防护措施。针对分析的危险源（点）及风险等级，提出索道附件与工具系统的防护措施见表 5-16。

表 5-16　　　　　　附件与工具系统的防护措施

代码	名称	功能	危险源(点)	危险源(点)分析	危险源（点）影响		检测方法	防护措施
					局部影响	最终影响		
6.1	手拉葫芦	用于设备安装,物品起吊、机件、绳索牵拉等	部件锈蚀	润滑不足,存放地点潮湿或有腐蚀物	使用不灵活,费力	磨损过度损坏	目测	更换

112

续表

代码	名称	功能	危险源（点）	危险源（点）分析	危险源（点）影响		检测方法	防护措施
					局部影响	最终影响		
6.1	手拉葫芦	用于设备安装，物品起吊、机件、绳索牵拉等	制动器打滑	制动片过度磨损制动器的摩擦面进油或水	葫芦打滑	滑链事故	目测	加强防护，保证制动器摩擦面干净整洁
			部件裂纹	使用、运输、存放中受外力碰撞、压砸	拉紧能力下降	部件破裂起吊事故	目测测量	超限更换
			链条扭曲变形	使用、运输、存放中受外力碰撞、压砸	出现卡死现象	链条断裂事故	目测测量	更换
6.2	拉力表	用于货运索道铺线或运载作业时的拉力测量	拉力表内部结构损坏	过载	拉力表损坏报废	不能实时监控各绳索的拉力大小	目测测量	更换
6.3	抱杆	用于组立支架	杆体焊缝裂纹、脱焊	制造缺陷或非正常受力	降低支承强度	杆体断裂导致事故	目测	修复或更换
			杆体弯曲、扭曲	存放、运输中被冲撞、挤压	降低支承强度	弯曲增大导致事故	目测测量	超限更换
			杆体锈蚀	长期露天存放，雨雪侵蚀与酸碱盐等腐蚀性物堆放在一起	—	抱杆身的支承强度降低造成事故	目测	加强日常维护保养
6.4	卸扣	索具连接	扣体变形	材质或制造不良	牵拉能力低	卸扣损坏造成事故	目测	卸扣应是锻造的
				超载	—	卸扣损坏造成事故	目测	按额定载荷使用
				使用中受横向力	牵拉能力降低	卸扣报废	目测	应使销轴与扣顶受力，不能横向受力
			扣体和插销磨损	过度使用或在使用、存放、运输中受巨大外力撞击	降低牵拉能力	卸扣损坏造成事故	目测	定期检查润滑

续表

代码	名称	功能	危险源（点）	危险源（点）分析	危险源（点）影响		检测方法	防护措施
					局部影响	最终影响		
6.5	紧线器	调节拉线、承载索等的松紧，提高货物在运输过程中的安全性	螺栓松动	长期使用自然磨损或受外力松动	各部件间隙加大，造成零件轴向窜动	紧固螺栓脱落，造成事故	目测	定期检查紧固
			棘轮损坏	使用不当或受较大外力冲撞	紧线器棘轮卡死	钢丝绳跳绳造成事故	目测	修理报废更换
			吊钩出现裂纹	运输、存储、使用过程中被重物冲撞	吊钩断裂	钢丝绳跳绳造成事故	目测	更换

5.5　牵　张　设　备

（1）牵引系统防护措施。针对分析的危险源（点）及风险等级，提出牵张机牵引系统的防护措施见表5-17。

表5-17　　　　　　　　　　牵引系统的防护措施

代码	名称	功能	危险源（点）	危险源（点）分析	危险源（点）影响		检测方法	防护措施
					局部影响	最终影响		
1.1	主牵引机	牵放导线过程中起牵引作用	牵引卷筒不转动	发动机熄火	工作中断	导线跳线	目测检查	加强日常维保
				传动带断裂			目测检查	及时更换
				减速器齿轮、轴承损坏			目测检查	维修更换
				牵引力调节阀失压			目测检查	调整、维修、更换
				液压泵损坏或系统严重漏油	油压下降	工作中断	目测检查	维修、更换
			失控、跑线	液压泵损坏	油压下降	工作中断	目测检查	维修、更换
				液压系统漏油	牵引力不足	损伤导线	目测检查	及时维修

代码	名称	功能	危险源（点）	危险源（点）分析	危险源（点）影响		检测方法	防护措施
					局部影响	最终影响		
1.1	主牵引机	牵放导线过程中起牵引作用	失控、跑线	液压油温度过高产生气泡	产生振动、寸行、噪声	牵引顿挫、不稳、损伤导线	目测检查	定期更换补充液压油
				液压调节控制阀门损坏	牵引不稳、跑线	损伤导线	目测检查	维修或更换
				牵引卷筒轴承损坏	牵引不稳、跑线	损伤导线	目测检查	更换轴承
			液压油温过高	油量不足、油脏	油温升高，产生气泡进入液压系统	加快磨损液压部件	目测检查	定期更换补充液压油
				使用压力过高		产生振动、寸行、噪声	目测检查	按规定调整油压
			机身振动	前后支腿受力不匀或损伤	牵引机不稳	牵引机倾覆	目测检查	调整、维修、更换
			液压缸不能顶升	顶升油缸管路、阀门泄漏	卷绕不稳	部件碰撞损坏	目测检查	及时维修
1.2	钢绳卷车	将牵引绳回盘至钢绳卷筒上	卷线盘不转动	钢绳卷车轴承损坏卡死	牵引绳松脱	钢丝绳脱落	目测检查	更换轴承
				卷绕压力调节阀损坏	钢丝绳卷绕松懈	钢丝绳脱落	目测检查	及时维修或更换
				液压阀、管路漏油	钢丝绳卷绕松懈	钢丝绳脱落	目测检查	及时维修
1.3	小牵引机	牵放牵引绳过程中起牵引作用	牵引骤停	发动机熄火	引导绳、牵引绳松弛	工作中断	目测检查	加强日常维护保养
				传动带断裂	引导绳、牵引绳松弛	工作中断	目测检查	更换传动带
				减速器齿轮、轴承损坏	减速器卡死	工作中断	目测检查	更换齿轮、轴承
1.4	牵引绳	牵引导线	钢丝绳跳绳	钢丝绳疲劳断裂	钢丝绳强度降低	钢丝绳跳绳事故	目测检查	加强检查，及时更换
				钢丝绳连接器松脱	连接器强度降低	钢丝绳跳绳事故	目测检查	保证连接质量，及时更换

续表

代码	名称	功能	危险源（点）	危险源（点）分析	危险源（点）影响		检测方法	防护措施
					局部影响	最终影响		
1.4	牵引绳	牵引导线	钢丝绳跳绳	牵引卷筒绳槽磨损钢丝绳	钢丝绳强度降低	钢丝绳跳绳事故	目测检查	定期检查，超限更换
1.5	拉锚	固定牵引机	损伤、裂痕	锚固墩、锚固板损坏	拉锚松弛	设备移位碰撞事故	目测检查	按规定施工
				手拉葫芦、连接器损坏	无法调整固定	设备移位碰撞事故	目测检查	更换紧固连接器

（2）张力系统防护措施。针对分析的危险源（点）及风险等级，提出牵张机张力系统的防护措施见表 5-18。

表 5-18　　　　　　　　　张力系统的防护措施

代码	名称	功能	危险源（点）	危险源（点）分析	危险源（点）影响		检测方法	防护措施
					局部影响	最终影响		
2.1	主张力机	牵放导线过程中对导线施加放线张力	放线滚筒不转	调压阀卡死	工作中断	张力骤然加大损伤导线	目测检查	及时维修或更换
				离合器或制动器抱死			目测检查	及时维修或更换
				减速器齿轮、轴承损坏			目测检查	及时维修或更换
				液压马达、控制阀卡死			目测检查	及时维修或更换
			跑线	液压系统严重漏油	张力下降跑线	导线拖地损伤	目测检查	维修、更换液压件
				溢流阀损坏	油压下降或骤升	跑线、跳线，损伤导线	目测检查	维修、更换液压件
				液压油温度过高产生气泡	产生振动、顿行、噪声	顿挫、不稳、损伤导线	目测检查	定期更换补充液压油
				液压调节控制阀门损坏	牵引不稳、跑线	损伤导线	目测检查	维修或更换
				张力过小	放线失控跑线	导线拖地损伤	仪表检查	及时调整压力

续表

代码	名称	功能	危险源（点）	危险源（点）分析	危险源（点）影响		检测方法	防护措施
					局部影响	最终影响		
2.1	主张力机	牵放导线过程中对导线施加放线张力	跑线	制动器打滑	不能制动	跑线、导线拖地	目测检查	调整或更换
			张力过大	压力设定过高	牵引载荷增大	损伤导线	仪表检查	及时调整压力
				液压油过于黏稠或杂质过多	牵引载荷增大	损伤导线	目测检查	检查油温及黏度，及换油
			顶升支腿弯曲损伤	作业中受外力冲撞	张力机失控位移	与周边物体发生碰撞	目测检查	及时修理或更换
2.2	导线轴架车、地线线轴架	导线展放支架	张力过大	液压执行件卡死	导线骤然绷紧受力	张力机放线顿挫	目测检查	维修或更换液压件
			张力过小	液压系统泄漏	跑线，导线拖地	损伤导线	目测检查	维修或更换泄漏管件
			导线盘轴不转	减速器齿轮、轴承损坏	导线骤然绷紧受力	损伤导线、工作中断	目测检查	维修或更换减速器
2.3	小张力机	控制放绳张力	放线滚筒不转	离合器或制动器抱死	牵引载荷增大	绳索断裂或伤人	目测检查	维修或更换
				减速器、滚筒轴承损坏卡死	牵引载荷增大	绳索断裂或伤人	目测检查	更换机件
			放绳张力不稳	离合器、制动器磨损或进水进油	绳索弹跳鞭击	绳索断裂或伤人	目测检查	及时维修清洁
2.4	导引绳	牵拉牵引绳	损伤断股	运输或作业中受外力碰撞	牵引力下降	断裂伤人	目测检查	定期检查更换
				放绳过程中张力骤然加大	绳索弹跳鞭击	断裂伤人	目测检查	调整放绳张力
2.5	拉锚	稳固张力机	损伤裂痕	锚固墩、锚固板损坏	拉锚松弛	设备移位碰撞事故	目测检查	按规定施工
				手拉葫芦、连接器损坏	无法调整固定	设备移位碰撞事故	目测检查	更换紧固连接器

输变电工程施工装备安全防护手册

（3）拉线系统防护措施。针对分析的危险源（点）及风险等级，提出牵张机拉线系统的防护措施见表 5-19。

表 5-19 拉线系统的防护措施

代码	名称	功能	危险源（点）	危险源（点）分析	危险源（点）影响		检测方法	防护措施
					局部影响	最终影响		
3.1	地锚	用来固定牵引机、张力机、卷扬机、放线滑轮、导向滑轮等	地锚设置缺陷	（1）使用卧式地锚时，地锚套引出方向未开挖马道，或马道与受力方向不一致；（2）利用树木或外露岩石作牵引或制动等主要受力锚桩；（3）一根锚桩上的临时拉线超过2根	拉线不稳	锚桩脱落，固定的牵引机、张力机等不稳造成事故	目测检查	（1）地锚套引出方向应开挖马道，马道与受力方向应一致；（2）不得利用树木或外露岩石作牵引或制动等主要受力锚桩；（3）一根锚桩上的临时拉线不得超过2根
			裂纹损伤	在架设、存放、运输中受外力撞击	承载能力下降	地锚断裂，固定的绳索跳绳或牵引机、张力机等不稳造成事故	目测	严格按设计进行制作，并做好隐蔽工程记录，使用时不准超载
3.2	拉线	连接地锚和牵引机、张力机、卷扬机、放线滑轮、导向滑轮等，起固定和稳定作用	有锈蚀或磨损	日常维护保养不到位	钢丝绳强度下降	钢丝绳断裂	目测	除锈或更换
			绳芯损坏或绳股挤出、断裂	维护保养不到位、搬运时被硬件磨损	钢丝绳断裂	跳绳或使固定的牵引机、张力机等不稳造成事故	目测	更换
			笼状畸形、严重扭结或弯折	维护保养不到位、搬运或安装时被硬件磨损、错误的提升抱杆	钢丝绳断裂	跳绳或使固定的牵引机、张力机等不稳造成事故	目测	更换
			压扁严重，断面缩小	维护保养不到位、搬运或安装时被硬件磨损、错误的提升抱杆	钢丝绳断裂	跳绳或使固定的牵引机、张力机等不稳造成事故	目测或工具测量	更换

续表

代码	名称	功能	危险源（点）	危险源（点）分析	危险源（点）影响		检测方法	防护措施
					局部影响	最终影响		
3.3	双钩紧线器	索具连接	变形损伤	在使用、存放、运输中受外力撞击	调整范围受限	螺杆卡死不能使用	目测	使用、存放、运输过程中避免挤压碰撞
3.4	起重葫芦	进行提升、牵引、下降、校准等作业的起重工具	部件锈蚀	润滑不足，存放地点潮湿或有腐蚀物	使用不灵活，费力	磨损过度坏	目测	更换
			制动器打滑	制动器的摩擦面进油或水	葫芦打滑	滑链事故	目测	加强防护，保证制动器摩擦面干净整洁
			部件裂纹	使用、运输、存放中受外力碰撞、压砸	拉紧能力降	部件破裂起吊事故	目测测量	超限更换
			链条扭曲变形	使用、运输、存放中受外力碰撞、压砸	出现卡死象	链条断裂故	目测测量	更换

（4）附件与工具系统防护措施。针对分析的危险源（点）及风险等级，提出牵张机附件与工具系统的防护措施见表 5–20。

表 5–20　　　　　　　　附件与工具系统的防护措施

代码	名称	功能	危险源（点）	危险源（点）分析	危险源（点）影响		检测方法	防护措施
					局部影响	最终影响		
4.1	绞磨	用卷筒缠绕钢丝绳或链条以提升或牵引重物	钢丝绳重叠和斜绕	钢丝绳抖动跳绳	钢丝绳抖动跳绳	牵引绳骤然受冲击力断裂	目测	注意观察，严防钢丝绳重叠和斜绕
			钢丝绳打结、扭绕	操作不当	钢丝绳不稳	牵引绳骤然受冲击力断裂	目测	禁止在钢丝绳打结、扭绕时起吊
			传动带破损	使用时间过长、选用皮带型号不符	传动丢转	传动骤停	目测	正确选用安装，破损及时更换

续表

代码	名称	功能	危险源（点）	危险源（点）分析	危险源（点）影响		检测方法	防护措施
					局部影响	最终影响		
4.1	绞磨	用卷筒缠绕钢丝绳或链条以提升或牵引重物	轴承过热	轴承老化、润滑油过脏	加速机件磨损	轴承损坏	目测检查	定期换润滑油
				轴承老化、润滑油过脏	加速轴承磨损	轴承损坏	目测检查	及时更换轴承
			卷扬机制动器失灵	制动片过度磨损	无法制动	造成起重事故	目测检查	及时更换闸瓦
				进水进油	制动打滑	造成起重事故	目测检查	做好防护，防止制动器进油水
4.2	卡线器	用于调整弧垂，收紧导线	卡线器有裂纹或变形	日常存放、使用过程中受硬物撞击	卡线器报废	跑线	目测	加强日常的维护保养，损坏及时更换
			卡线器槽口过度磨损	使用时间过长	卡线器打滑	无法收紧导线	目测	超限更换
4.3	链式葫芦	用于设备安装，物品起吊、机件、绳索牵拉等	部件锈蚀	润滑不足，存放地点潮湿或有腐蚀物	使用不灵活，费力	磨损过度损坏	目测	更换
			制动器打滑	制动片过度磨损，制动器的摩擦面进油或水	葫芦打滑	滑链事故	目测	加强防护，保证制动器摩擦面干净整洁
			部件裂纹	使用、运输、存放中受外力碰撞、压砸	拉紧能力下降	部件破裂起吊事故	目测测量	超限更换
			链条扭曲变形	使用、运输、存放中受外力碰撞、压砸	出现卡死现象	链条断裂事故	目测测量	更换
4.4	放线滑车	架线施工过程中用于延放导线，并对导线起支承作用	滑轮转动部位转动不灵活	防尘挡板破损轴承锈蚀	磨损导线	导线出现"电晕"造成事故	目测	除锈并及时更换防尘挡板或更换滑轮
			紧固螺栓松动	长期使用自然磨损或受外力松动	各部件间隙加大，造成零件轴向窜动	紧固螺栓脱落，造成事故	目测	定期检查紧固

续表

代码	名称	功能	危险源（点）	危险源（点）分析	危险源（点）影响		检测方法	防护措施
					局部影响	最终影响		
4.4	放线滑车	架线施工过程中用于延放导线，并对导线起支承作用	滑轮轮缘部分损伤	存放、运输、使用中受重物冲撞	滑轮损坏	未及时处理跑线造成事故	目测测量	及时更换
			轴承变形缺损	使用时间过长，润滑不足或油脏	转动不灵活	轮轴过度磨损损坏造成事故	目测测量	及时更换
4.5	高速导向滑车	在架线过程中控制导线、或牵引绳的走向	轮槽、轮轴、拉板、吊钩等部有裂缝、损伤	使用中过载或在存放、运输中被重物冲撞	降低载荷能力	破裂造成事故	目测	定期检查，发现破损及时更换
			转动部位转动不灵活	恶劣环境下锈蚀或润滑不足	轮轴磨损	轮轴过度磨损损坏，或轮轴锈死磨损牵引绳	目测	定期注油润滑
			紧固螺栓松动	长期使用自然磨损或受外力松动	各部件间隙加大，造成零件轴向窜动	紧固螺栓脱落，造成事故	目测	定期检查紧固
			滑轮槽面磨损过深	使用时间过长	导线不稳定、加快磨损	导线出现"电晕"造成事故	目测测量	更换钢丝绳
			滑轮轮缘部分损伤	存放、运输、使用中受重物冲撞	形成缺口跳绳	导向轮损坏造成事故	目测测量	及时更换
			轮轴、轮轴套磨损	恶劣环境下锈蚀或润滑不足	转动不灵活	轮轴过度磨损损坏	目测测量	及时更换
4.6	卸扣	索具连接	扣体变形	材质或制造不良	牵拉能力低	卸扣损坏造成事故	目测	卸扣应是锻造的
				超载	—	卸扣损坏造成事故	目测	按额定载荷使用
				使用中受横向力	牵拉能力降低	卸扣报废	目测	应使销轴与扣顶受力，不能横向受力

代码	名称	功能	危险源（点）	危险源（点）分析	危险源（点）影响		检测方法	防护措施
					局部影响	最终影响		
4.6	卸扣	索具连接	扣体和插销磨损	过度使用或在使用、存放、运输中受巨大外力撞击	降低牵拉能力	卸扣损坏造成事故	目测	定期检查润滑
4.7	起重滑车	用于架线，吊装设备及其他起重作业	轮槽、轮轴、拉板、吊钩等部有裂缝、损伤	使用中过载或在存放、运输中被重物冲撞	降低载荷能力	破裂造成事故	目测	定期检查，发现破损及时更换
			转动部位转动不灵活	恶劣环境下锈蚀或润滑不足	轮轴磨损	轮轴过度磨损损坏，或轮轴锈死磨损钢丝绳	目测	定期注油润滑
			紧固螺栓松动	长期使用自然磨损或受外力松动	各部件间隙加大，造成零件轴向窜动	紧固螺栓脱落，造成事故	目测	定期检查紧固
			滑轮槽面磨损过深	使用频率高或选用钢丝绳不匹配	钢丝绳不稳定、加快磨损	轮槽损坏钢丝绳跳绳	目测测量	更换钢丝绳
			滑轮轮缘部分损伤	存放、运输、使用中受重物冲撞或选用钢丝绳不匹配	形成缺口钢丝绳跳绳	导向轮损坏造成事故	目测测量	及时更换
			轮轴、轮轴套磨损	恶劣环境下锈蚀或润滑不足	转动不灵活	轮轴过度磨损损坏	目测测量	及时更换
4.8	压线滑车	适用于放线过程中压上扬的导、地线	滑轮转动部位转动不灵活	防尘挡板破损轴承锈蚀	磨损导线	导线出现"电晕"造成事故	目测	除锈并及时更换防尘挡板或更换滑轮
			紧固螺栓松动	长期使用自然磨损或受外力松动	各部件间隙加大，造成零件轴向窜动	紧固螺栓脱落，造成事故	目测	定期检查紧固
			滑轮轮缘部分损伤	存放、运输、使用中受重物冲撞	滑轮损坏	未及时处理跑线造成事故	目测测量	及时更换

续表

代码	名称	功能	危险源（点）	危险源（点）分析	危险源（点）影响		检测方法	防护措施
					局部影响	最终影响		
4.8	压线滑车	适用于放线过程中压上扬的导、地线	轴承变形缺损	使用时间过长，润滑不足或油脏	转动不灵活	轮轴过度磨损损坏造成事故	目测测量	及时更换
4.9	旋转连接器	适用于各种规格导线、钢芯铝绞线放线时连接牵引钢丝绳，能释放钢丝绳捻劲	连接器旋转处磨损	日常维护保养不到位或使用时间过长	旋转连接器损坏	牵引钢丝绳跳绳造成事故	目测测量	定期检查、超限更换
4.10	抗弯连接器	钢丝绳放线时连接用，能通过各种放线滑车	连接器磨损	使用时间过长或受到外力撞击	抗弯连接器报废	钢丝绳跳绳造成事故	目测	定期检查、超限更换
4.11	电缆网套连接器	在牵放导线时起到保护导线的作用	网套磨损	使用时间过长	网套连接器报废	磨损导线	目测	定期检查、超限更换

5.6　起 重 机 械

（1）汽车式起重机防护措施。针对分析的危险源（点）及风险等级，提出汽车式起重机的防护措施见表 5－21。

表 5－21　　　　　　　　汽车式起重机的防护措施

代码	名称	功能	危险源（点）	危险源（点）分析	危险源（点）影响		检测方法	防护措施
					局部影响	最终影响		
1.1	行驶系统	接受发动机经传动系传来的扭矩，并通过驱动轮与路面	轮胎爆裂	行驶时间过长，轮胎过热	轮胎内压迅速升高	爆胎造成交通事故	目测检查	更换轮胎
				轮胎损伤后未及时更换	损伤加剧扩大	爆胎造成交通事故	目测检查	定期检查、及时维修

代码	名称	功能	危险源（点）	危险源（点）分析	危险源（点）影响		检测方法	防护措施
					局部影响	最终影响		
1.1	行驶系统	间附着作用，产生路面对汽车的牵引力，以保证整车正常行驶	跑偏	左右轮胎气压不等	容易跑偏	严重跑偏造成事故	目测检查	经常检查调整左右轮胎气压
				减振器失效或损坏	行进颠簸抖动	控制困难	目测检查	更换失效或损坏的减振器
				后桥弯曲	容易跑偏	后桥断裂造成事故	目测检查	校正或更换后桥
1.2	传动系统	将发动机输出的动力按照需要传递给行驶系统	离合器打滑	离合器摩擦片破碎	行进时骤然失速	无法行驶	目测检查	更换摩擦片
				离合器摩擦片沾有油污	行进时失速	行车困难	目测检查	清洁摩擦片
			离合器异响	离合器摩擦衬片过度磨损	行进时失速	行车困难	目测检查	更换摩擦片
			离合器抖动	主、从动盘接触不良	加快磨损	行进时失速	目测检查	调解或更换
			变速箱异响	齿轮轴承过度磨损或损坏	乱档、跳档	无法行驶	目测检查	更换齿轮、轴承
1.3	转向系统	调整使汽车沿着设想的轨迹运动	跑偏	转向传动机构固定松动	转向困难	易发行车事故	目测检查	检查并固定转向器
				转向传动轴变形弯曲	转向失灵	易发行车事故	目测检查	检查固定转向传动机构
1.4	制动部分	强制行驶中的汽车减速或停车	制动失灵	摩擦片与制动鼓间隙过大或有油污	制动打滑	易发行车事故	目测检查	调整间隙并注意清洁
			制动跑偏	左或右车轮制动失效	制动横移	易发行车事故	目测检查	调整左右制动压力一致使其符合要求
			制动不回	摩擦片与制动鼓间隙过大	无法制动	易发行车事故	目测检查	调整间隙
1.5	车架支腿	分散压力，降低压强	活动支腿与固定支腿撞击	导向槽磨损过大	加大磨损，造成振动	损伤支腿和液压油缸	目测检查	及时补焊修理

续表

代码	名称	功能	危险源（点）	危险源（点）分析	危险源（点）影响		检测方法	防护措施
					局部影响	最终影响		
1.5	车架支腿	分散压力，降低压强	支腿收放失灵	液压锁失灵	无法收放支腿	起重作业无法完成	目测检查	调整、清洗或更换
			吊重时支腿自动收回	液压锁密封件损坏、漏油	吊车倾斜	发生吊车倾覆事故	目测检查	更换密封件
			行驶时支腿伸出	液压锁损坏或O形圈损坏	行驶障碍	发生刮碰事故	目测检查	更换
1.6	变幅机构	调整控制起重臂仰起或俯下角度	仰臂速度慢或不能仰臂减幅	溢流阀密封不良	不能迅速调整起重臂仰角	无法起吊	目测检查	更换密封件
			俯臂增幅出现点头甚至振动现象	阻尼孔堵塞不畅，滑阀内漏严重	不能迅速调整起重臂俯角	无法起吊	目测检查	清洁滑阀
			吊臂不能可靠地锁定	单向阀密封不严，液压缸漏油	起重时吊臂滑动	造成起重事故	目测检查	更换单向阀、密封件
1.7	起升机构	牵引重物上升或下降	起吊无力	液压马达磨损，内部泄漏	不能吊物	工作中断	目测检查	更换液压马达
			重物溜车	制动系统失效，单流阀失效	重物下滑	造成起重事故	目测检查	检修制动器，更换单流阀
				减速器齿轮或轴承损坏	重物下滑	造成起重事故	目测检查	更换齿轮轴承
			钢丝绳断裂	过度磨损	重物坠落	造成起重事故	目测检查	更换
1.8	回转机构	使旋转部分相对于非旋转部分转动，在水平面上沿圆弧方向搬运物料	回转系统动作缓慢或不动	控制阀磨损或损坏；减速器齿轮轴承损坏	不能准确迅速回转	无法完成重物移动	目测检查	更换控制阀或齿轮、轴承
			回转系统游隙过大	减速器齿轮轴承损坏	不能回转	无法完成重物移动	目测检查	更换齿轮、轴承

续表

代码	名称	功能	危险源（点）	危险源（点）分析	危险源（点）影响		检测方法	防护措施
					局部影响	最终影响		
1.9	起重臂	支承起升钢丝绳、滑轮组	伸缩臂伸缩时抖动并异响	平衡阀故障；伸缩臂变形或润滑不足	起重臂伸缩不畅	不能完成作业	目测检查	检修或更换平衡阀；校正变形；定期润滑
			伸缩臂不能回缩或伸缩臂自动下沉	平衡阀故障；油管漏油，油路中有气泡	无法完成重物移动	造成起重事故	目测检查	检修或更换平衡阀、更换油管、排气

（2）履带式起重机防护措施。针对分析的危险源（点）及风险等级，提出履带式起重机的防护措施见表 5-22。

表 5-22　　　　　　　　　　牵引系统的防护措施

代码	名称	功能	危险源（点）	危险源（点）分析	危险源（点）影响		检测方法	防护措施
					局部影响	最终影响		
2.1	吊臂与吊钩	支承起升钢丝绳、滑轮组；取物装置	伸缩臂伸缩时抖动并异响	平衡阀故障；伸缩臂变形或润滑不足	起重臂伸缩不畅	不能完成作业	目测检查	检修或更换平衡阀；校正变形；定期润滑
			伸缩臂不能回缩或伸缩臂自动下沉	平衡阀故障；油管漏油，油路中有气泡	无法完成重物移动	造成起重事故	目测检查	检修或更换平衡阀、更换油管、排气
2.2	上车回转机构	在水平面上沿圆弧方向搬运物料	回转系统动作缓慢或不动	控制阀磨损或损坏；减速器齿轮轴承损坏	不能准确迅速回转	无法完成重物移动	目测检查	更换控制阀或齿轮、轴承
			回转系统游隙过大	减速器齿轮轴承损坏	不能回转	无法完成重物移动	目测检查	更换齿轮、轴承
2.3	行走机构	改变左、右行走马达的回转方向，实现吊车的前进、倒退、原地旋转及转弯的动作	行走跑偏	两侧履带不平行，张力不一致	向一侧跑偏	行走控制困难	仪器检查	调整履带张力、平行度
				单侧行走液压马达、驱动阀内泄漏	向一侧跑偏	行走控制困难	仪表检查	修理或更换液压马达、驱动控制阀
				两侧制动阀压力不一致	向一侧跑偏	行走控制困难	仪表检查	调整两侧制动阀压力一致

代码	名称	功能	危险源（点）	危险源（点）分析	危险源（点）影响		检测方法	防护措施
					局部影响	最终影响		
2.4	回转支承部分	支承上车回转部分装置	回转异响	回转支承与上机连接螺栓安装不良	连接端面出现间隙，连接件滑移	引起机身二次应力拉大，甚至造成吊车倾覆	力矩工具	加强装配质量检查
				转盘轴承装配不良	轴承发热、振动	降低轴承使用寿命	量具检查	
2.5	动力装置	把内燃机的机械能经液压油泵转变为液压能	发动机启动困难或无法启动	启动电路故障，启动开关损坏	发动机无法启动	工作停止	目测检查	检查修复
				喷油器磨损，燃油雾化不好	发动机运转不稳定	工作停止	目测检查	更换喷油器
				活塞、活塞环和气缸套磨损	发动机无法启动	工作停止	目测检查	更换活塞、活塞环、气缸套
				发动机曲轴烧瓦	发动机无法启动	工作停止	目测检查	更换曲轴或轴瓦
				燃油系统中有空气、燃油滤芯堵塞	发动机运转不稳定	工作停止	目测检查	清洗滤芯、排空气体
				输油泵及油路故障	发动机运转不稳定	工作停止	目测检查	及时维修
				燃油中有杂质	发动机运转不稳定	工作停止	目测检查	更换燃油
			工作机构无动作	液压油箱油量不足	液压泵吸油不足或吸入空气	工作停止	目测检查	检查油位保持正常油量
				发动机与液压泵的传动连接损坏	液压泵不工作	工作停止	目测检查	更换连接件
				主油泵损坏	无油压输出	工作停止	目测检查	维修或更换液压泵
				伺服操作系统压力低或无压力	操作失效	工作停止	目测检查	检查有无泄漏、控制阀有无损坏，及时维修更换

代码	名称	功能	危险源（点）	危险源（点）分析	危险源（点）影响		检测方法	防护措施
					局部影响	最终影响		
2.6	机械传动部分	把内燃机的动力传递给液压油泵，再把液压马达、液压油缸的液压能变成机械能，带动各工作机构	传动齿轮轮齿折断	工作时超载或磨损严重产生的冲击与振动	运行失效	如齿轮折断发生在起升机构会导致重物坠落而造成事故	目测检查	查找原因并更换新齿轮
			齿轮过度磨损	长期使用磨损及安装不正确	承载能力下降，可能导致断齿		目测检查	更换新齿轮
			传动轴键槽损坏	键与槽之间松动有间隙，以及超载使键槽发生塑性变形	不能传递扭矩	如发生在起升机构会导致重物坠落而造成事故	目测检查	修复或更换传动轴
			轴承异响	润滑油过脏、缺油或油过多造成润滑不良或散热不良	轴承使用寿命缩短及损坏	造成轴及轴承座的损坏	目测检查	检查润滑油，必要时更换润滑油或轴承
			减速器发热、振动、异响	缺少润滑油或润滑油过多；轴承破碎，轴承与壳体间有相对转动；轮齿磨损	润滑效果降低，被润滑件使用寿命降低	造成减速器轴和壳体损坏	目测检查	检查润滑油，必要时更换润滑油、轴承和齿轮
			制动失灵	制动轮和摩擦片上有油污或露天雨雪造成摩擦系数降低	设备运行不能按要求有效停止	可能引发一系列事故的发生，如发生在起升机构将造成吊重物的坠落	目测检查	加强维护，防止制动器进水、进油
				制动轮或摩擦片有严重磨损造成制动力不足			目测检查	定期检查，超限更换
2.7	液压传动部分	液压马达把液压能转化为机械能驱动各工作机构	液压系统振动与噪声	液压油泵吸空	空气进入液压系统产生气穴	产生振动、噪声，爬行	目测检查	液压缸上设置排气装置
				油箱油面太低，液压泵吸不上油	产生噪声	产生振动、噪声，爬行	目测检查	加强进油口密封；并且选用合适黏度的液压油

续表

代码	名称	功能	危险源（点）	危险源（点）分析	危险源（点）影响 局部影响	危险源（点）影响 最终影响	检测方法	防护措施
2.7	液压传动部分	液压马达把液压能转化为机械能驱动各工作机构	液压系统振动与噪声	液压油泵零件磨损	间隙过大，流量不足，转速过高压力波动	产生振动、噪声，爬行	目测检查	更换液压泵零件
				溢流阀动作失灵	溢流阀的不稳定使得压力波动	产生振动与噪声	目测检查	修理或更换溢流阀
			液压系统油温过高	散热不良	引起机械的热变形，破坏它原有的精度	油温过高，油液黏度下降，导致泄漏增加；使油液变质，产生氧化物质，堵塞液压元件小孔或缝隙，使元件无法正常工作	目测检查	油箱容积应足够大，环境温度过高时应加冷却
				系统卸载回路动作不良	大量压力油从溢流阀回流到油池		目测检查	采用变量泵或者正确的卸荷方式
				泄漏严重	液压泵做无用功造成设备过热，油温升高		目测检查	管路尽量缩短，避免细长、弯曲，使油液流通顺畅。液压泵及其连接处容易泄漏的地方要加强密封，紧固好连接件
				高压油中进入空气或水分	油温迅速升高，产生振动、噪声	液压工作机构出现振颤、爬行，甚至发生事故	目测检查	检查油位保持正常油量，避免出现空吸现象
				液压油变质	液压系统装配中残留了铁屑、焊渣、毛刺	液压泵、阀接合面被磨损、阻尼孔及滤油器被堵塞	元件损坏引发各类问题，甚至导致发生事故	目测检查	液压系统管路装配前进行严格的清洗、酸洗，组装后进行全面的清洗；对外露件应装防尘

129

续表

代码	名称	功能	危险源（点）	危险源（点）分析	危险源（点）影响		检测方法	防护措施
					局部影响	最终影响		
2.7	液压传动部分	液压马达把液压能转化为机械能驱动各工作机构	液压油变质	液压系统中相对运动的部件产生的磨损微粒，造成液压油的变质	液压件接合面被磨损、阻尼孔及滤油器被堵塞	元件损坏引发各类问题，甚至导致发生事故	目测检查	密封，接头应密封好。用滤油车给油箱加油，定期更换油液
				液压油中混入空气、水分	产生气蚀现象，液压冲击、噪声	液压件损坏	目测检查	
2.8	控制装置	操纵和控制起重机各工作机构，使各机构能按要求进行启动、调速、换向、停止，从而实现起重机作业的各种动作	控制装置常见故障主要为控制阀失效	溢流阀阀件磨损、内泄漏、阀件卡死	溢流阀泄漏造成系统压力不足，液压泵功率损失，或无法安全泄压	各分路执行件动作无力或系统压力骤然升高造成事故	目测检查	修复或更换溢流阀
				减压阀阀件磨损、内泄漏、阀件卡死	减压阀失效造成支路压力过高	支路元件损伤甚至发生事故	目测检查	修复或更换减压阀
				顺序阀阀件磨损、内泄漏、阀件卡死	顺序阀内泄漏造成执行机构动作混乱无序	发生设备或伤害事故	目测检查	修复或更换顺序阀
				节流阀、调速阀、分流阀、集流阀阀芯卡死	执行机构运动速度无法控制	发生设备或起重伤害事故	目测检查	修复或更换
				单流阀、换向阀内泄漏或阀芯卡死	执行元件动作无序混乱	发生设备或起重伤害事故	目测检查	修复或更换
2.9	起升机构	实现重物的垂直上下运动，牵引重物上升或下降	起吊无力	液压马达磨损，内部泄漏	不能吊物	工作中断	目测检查	更换液压马达
			重物溜车	制动系统失效，单流阀失效	重物下滑	造成起重事故	目测检查	检修制动器，更换单流阀
				减速器齿轮或轴承损坏	重物下滑	造成起重事故	目测检查	更换齿轮轴承

续表

代码	名称	功能	危险源（点）	危险源（点）分析	危险源（点）影响		检测方法	防护措施
					局部影响	最终影响		
2.9	起升机构	实现重物的垂直上下运动，牵引重物上升或下降	钢丝绳断裂	过度磨损	重物坠落	造成起重事故	目测检查	更换
2.10	变幅机构	调整控制起重臂仰起或俯下角度，实现重物的垂直平面内移动	仰臂速度慢或不能仰臂减幅	溢流阀密封不良	不能迅速调整起重臂仰角	无法起吊	目测检查	更换密封件
			俯臂增幅出现点头甚至振动现象	阻尼孔堵塞不畅，滑阀内漏严重	不能迅速调整起重臂俯角	无法起吊	目测检查	清洁滑阀
			吊臂不能可靠地锁定	单向阀密封不严，液压缸漏油	起重时吊臂滑动	造成起重事故	目测检查	更换单向阀、密封件
2.11	操作机构	通过操纵操作室中相应的控制杆和开关控制阀，从而控制相应的机构	操作手柄失效	手柄与控制阀连接件损坏	无法操作	起吊作业中发生可能导致伤害事故	目测检查	修复或更换连接件
2.12	安全装置	吊钩防过卷装置：保证吊具起升到极限位置时，自动切断起升动力源	装置失效过卷扬	行程开关失效或位置发生移动	起升钢丝绳断裂	吊钩及重物坠落造成事故	目测检查	定期检查状态，应保证完好有效
		吊臂防过倾装置：保证当变幅机构的行程开关失效时，阻止吊臂后倾	装置失效吊臂变幅超 78°	限位开关失效；保险绳或保险杆损伤	限位开关失效，吊臂仰俯角度失控	保险绳或保险杆损伤，吊车发生倾覆事故	目测检查	定期检查状态，应保证完好有效

续表

代码	名称	功能	危险源（点）	危险源（点）分析	危险源（点）影响		检测方法	防护措施
					局部影响	最终影响		
2.12	安全装置	力矩限制器：当载荷力矩达到额定起重力矩时，自动切断起升或变幅的动力源并发出报警信号	装置失效起升钢丝绳断裂或臂架弯曲或折断	传感器失效或信号线断裂	起吊力矩超限时无警告	起升钢丝绳断裂或臂架弯曲折断发生事故	目测检查	定期检查状态，应保证完好有效
		回转定位装置：在整机行驶时，使上车保持在固定位置	整车行驶时上车回转	锁销脱落或锁定油缸液压油泄漏	行驶不稳	发生车辆倾覆事故	目测检查	定期检查状态，应保证完好有效
2.13	配重	利用杠杆原理，保证起重机工作时的稳定	起吊作业时整机不稳定	配重过大过小	配重过大，损伤车身强度	配重过小，可能造成起重机倾覆	根据工况计算	严格按设备性能及实际工况计算选择配重

5.7 高 空 作 业 车

针对分析的危险源（点）及风险等级，提出高空作业车的防护措施见表5-23。

表5-23 高空作业车的防护措施

代码	名称	功能	危险源（点）	危险源（点）分析	危险源（点）影响		检测方法	防护措施
					局部影响	最终影响		
1.1	行驶系统	接受发动机经传动系传来的扭矩，并通过驱动轮与路面间附着作用，产生	轮胎爆裂	行驶时间过长，轮胎过热	轮胎内压迅速升高	爆胎造成交通事故	目测检查	更换轮胎
				轮胎损伤后未及时更换	损伤加剧扩大	爆胎造成交通事故	目测检查	定期检查，及时维修
			跑偏	左右轮胎气压不等	容易跑偏	严重跑偏造成事故	目测检查	经常检查调整左右轮胎气压

续表

代码	名称	功能	危险源（点）	危险源（点）分析	危险源（点）影响		检测方法	防护措施
					局部影响	最终影响		
1.1	行驶系统	路面对汽车的牵引力，以保证整车正常行驶	跑偏	减振器失效或损坏	行进颠簸抖动	控制困难	目测检查	更换失效或损坏的减振器
				后桥弯曲	容易跑偏	后桥断裂造成事故	目测检查	校正或更换后桥
1.2	传动系统	将发动机输出的动力按照需要传递给行驶系统	离合器打滑	离合器摩擦片破碎	行进时骤然失速	无法行驶	目测检查	更换摩擦片
				离合器摩擦片沾有油污	行进时失速	行车困难	目测检查	清洁摩擦片
			离合器异响	离合器摩擦衬片过度磨损	行进时失速	行车困难	目测检查	更换摩擦片
			离合器抖动	主、从动盘接触不良	加快磨损	行进时失速	目测检查	调解或更换
			变速箱异响	齿轮轴承过度磨损或损坏	乱档、跳档	无法行驶	目测检查	更换齿轮、轴承
1.3	转向系统	对左、右转向车轮进行不同转角的调整使汽车沿着设想的轨迹运动	跑偏	转向传动机构固定松动	转向困难	易发行车事故	目测检查	检查并固定转向器
				转向传动轴变形弯曲	转向失灵	易发行车事故	目测检查	检查固定转向传动机构
1.4	制动部分	强制行驶中的汽车减速或停车	制动失灵	摩擦片与制动鼓间隙过大或有油污	制动打滑	易发行车事故	目测检查	调整间隙或清洁
			制动跑偏	左或右车轮制动失效	制动横移	易发行车事故	目测检查	调整左右制动压力一致符合要求
			制动不回	摩擦片与制动鼓间隙过大	无法制动	易发行车事故	目测检查	调整间隙
1.5	车架支腿	分散压力，降低压强	活动支腿与固定支腿撞击	导向槽磨损过大	加大磨损，造成振动	损伤支腿和液压缸	目测检查	及时补焊修理

代码	名称	功能	危险源（点）	危险源（点）分析	危险源（点）影响		检测方法	防护措施
					局部影响	最终影响		
1.5	车架支腿	分散压力，降低压强	支腿收放失灵	液压锁失灵	无法收放支腿	举升作业无法完成	目测检查	调整、清洗或更换
			举升时支腿自动收回	液压锁密封件损坏、漏油	高空作业车倾斜	发生车辆倾覆事故	目测检查	更换密封件
			行驶时支腿伸出	液压锁损坏或O形圈损坏	行驶障碍	发生刮碰事故	目测检查	更换
1.6	举升机构	控制作业平台上升或下降	举升无力	液压马达磨损，内部泄漏	不能举升到预期位置	工作中断	目测检查	更换液压马达
			桅杆下滑	控制阀内泄漏	作业平台下滑	造成事故	目测检查	检修制动器，更换单流阀
				减速器齿轮或轴承损坏	作业平台下滑	造成事故	目测检查	更换齿轮轴承
1.7	回转机构	使旋转部分相对于非旋转部分转动，达到在水平面上沿圆弧方向移动作业平台	回转系统动作缓慢或不动	控制阀磨损或损坏；减速器齿轮轴承损坏	不能准确迅速回转	无法完成作业平台移动	目测检查	更换控制阀或齿轮、轴承
			回转系统游隙过大	减速器齿轮轴承损坏	不能回转	无法完成作业平台移动	目测检查	更换齿轮、轴承
1.8	液压系统	实现机械能与液压能之间的转换以便驱动高空作业车各机构工作	液压系统漏油	密封件损坏	液压系统压力不足	高空作业车液压系统不能正常工作	目测	更换
				接头松动	液压系统压力不足		目测	定期检查紧固各处接头
				管边破裂或焊管接头油砂眼	液压系统压力不足		目测	及时修复或更换
			油温过高	散热不良	引起机械的热变形，破坏它原有的精度	油温过高，油液黏度下降，导致泄漏增加；使油液变质，产生氧	目测检查	油箱容积应足够大，环境温度过高时应加冷却

续表

代码	名称	功能	危险源（点）	危险源（点）分析	危险源（点）影响		检测方法	防护措施
					局部影响	最终影响		
1.8	液压系统	实现机械能与液压能之间的转换以便驱动高空作业车各机构工作	油温过高	系统卸载回路动作不良	大量压力油从溢流阀回流到油池		目测检查	采用变量泵或者正确的卸荷方式
				泄漏严重	液压泵做无用功造成设备过热，油温升高	化物质，堵塞液压元件小孔或缝隙，使元件无法正常工作	目测检查	管路尽量缩短，避免细长、弯曲，使油液流通顺畅。液压泵及其连接处容易泄漏的地方要加强密封，紧固好连接件
				液压油中进入空气或水分	油温迅速升高，产生振动、噪声	液压工作机构出现振颤、爬行，甚至发生事故	目测检查	检查油位保持正常油量，避免出现空吸现象

5.8 真空滤油机

针对分析的危险源（点）及风险等级，提出真空滤油机的防护措施见表 5–24。

表 5–24 真空滤油机的防护措施

代码	名称	功能	危险源（点）	危险源（点）分析	危险源（点）影响		检测方法	防护措施
					局部影响	最终影响		
1.1	进油过滤系统	对油液进行先期过滤，除去油液内较大颗粒的杂质	滤油机吸油困难	过滤器堵塞	油液无法自行进入到滤油机中	滤油机无法正常工作	目测检查	及时清理
				真空泵损坏	油液无法自行进入到滤油机中		目测检查	检修或更换真空泵

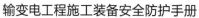

续表

代码	名称	功能	危险源（点）	危险源（点）分析	危险源（点）影响 局部影响	危险源（点）影响 最终影响	检测方法	防护措施
1.1	进油过滤系统	对油液进行先期过滤，除去油液内较大颗粒的杂质	油液内杂质过滤不彻底	过滤器滤网损坏	无法过滤油液	滤油机无法正常工作	目测检查	更换滤网
1.2	真空系统	形成负压，降低水的沸点，同时可以加快油液的过滤速度	真空泵进油	滤油罐中的油位过高	真空泵损坏	滤油机无法正常工作	目测检查	真空油不得高出油位线
			真空度达不到技术标准	真空泵内密封垫移位或损坏			目测检查	损坏部件及时更换
				真空油由于使用时间长含水量增加			目测检查	更换新油
				各连接处密封漏气			目测检查	检查维修
				真空泵易损件磨损			目测检查	更换损坏部件
1.3	加热系统	对油进行加热，利于油液内水分的析出	油控不灵或无温	油温温度计故障	无法及时了解油液被加热到的温度	使油温过高造成事故	目测检查	调整油控
				加热器烧坏、线路断路、接触臂未吻合	无法给油液加热	油液中的水分过滤不彻底	目测检查	检修线路更换加热器
1.4	出油过滤系统	将油液从滤油罐中抽出，同时可作为反冲系统的动力源	排油泵无压力出油量不足	初滤器网堵塞	油液不能排出	滤油机无法正常工作	目测检查	清洗闭网
				排油泵油封漏气	排油泵不能正常工作		目测检查	更换油封
				进油管被堵，吸入缸底	油液不能排出		目测检查	检查清理
				真空缸内喷油小孔堵塞	油液不能排出		目测检查	拆卸清洗